缝洞油藏高表面扩张模量起泡体系构建及泡沫流动行为研究

王 洋 著

中国石化出版社

内 容 提 要

本书共分为8章，第1章为概述，主要介绍了泡沫在油田的应用以及高温高盐碳酸盐岩油藏用表面活性剂；第2章为缝洞油藏气驱/泡沫驱规律研究；第3章为表面活性剂-有机酸构建高表面扩张模量起泡体系；第4章为表面活性剂-纳米颗粒构建高扩张模量起泡体系；第5章为表面扩张流变性对泡沫流动影响研究；第6章为扩张流变性对泡沫生成机理影响研究；第7章为起泡体系耐油性能及提高采收率效果研究；第8章为本书得到的结论。

本书具有较强的知识性和技术性，可供油气田开发、油田化学等领域的工程技术人员、科研人员参考，也可供高等院校油气田开发工程、化学工程及相关专业师生参阅。

图书在版编目(CIP)数据

缝洞油藏高表面扩张模量起泡体系构建及泡沫流动行为研究/王洋著. —北京：中国石化出版社，2020.9
ISBN 978-7-5114-5978-7

Ⅰ.①缝… Ⅱ.①王… Ⅲ.①泡沫驱油-研究 Ⅳ.
①TE357.46

中国版本图书馆 CIP 数据核字(2020)第 175083 号

未经本社书面授权，本书任何部分不得被复制、抄袭，或者以任何形式或任何方式传播。版权所有，侵权必究。

中国石化出版社出版发行
地址：北京市东城区安定门外大街58号
邮编：100011　电话：(010)57512500
发行部电话：(010)57512575
http://www.sinopec-press.com
E-mail:press@sinopec.com
北京艾普海德印刷有限公司印刷
全国各地新华书店经销

*

710×1000 毫米 16 开本 10.5 印张 194 千字
2020年10月第1版　2020年10月第1次印刷
定价：56.00元

前　言

　　塔河油田是我国在塔里木盆地发现的唯一大型海相碳酸盐岩油田。油藏储集体以构造变形产生的构造裂缝与岩溶作用形成的孔、洞、缝为主，其中大型洞穴是最主要的储集空间，裂缝既是储集空间，也是主要的渗流通道。碳酸盐岩基质基本不具有储渗意义，储集空间形态多样、大小悬殊、分布不均，具有很强的非均质性。与国内外碳酸盐岩油藏相比，塔河碳酸盐岩油藏采收率较低，一次采收率仅为10%～13%。水驱后，由于存在很多裂缝开度低、连通性差的储集体，水驱波及系数较低；波及到的储集体内，由于油、水密度差等不利因素，有相当一部分残余油以"阁楼油"的形式存在于孔洞上部或位置相对较高的孔洞内。如何驱替出"阁楼油"和增加驱替介质的波及系数是提高采收率的关键。

　　气体具有密度低的特点，因而可以驱替"阁楼油"。但由于流度低，气驱过程中气体易窜进。在低渗油藏开发中，气、水交替注入及水、气同注等可有效抑制气窜。但在缝洞型油藏中，气、水交替注入及水、气同注是否仍然具有适用性，需要进一步的深入研究。此外，泡沫是良好的封窜剂，但由于缝洞油藏与常规油藏储集体不同，使得对于缝洞油藏而言，气体的扩散对泡沫稳定性影响更大。因此，需要构建适于缝洞介质的泡沫体系。此外，还需要满足高温高盐的油藏条件，所以亟须建立适于缝洞油藏的耐温耐盐起泡体系。

　　本书基于Gibbs稳定性准则，以降低气体透过率为出发点，研究了通过表面活性剂分别与有机酸/醇和纳米颗粒复配构建高表面扩张模量起泡体系的可行性。基于构建的不同表面扩张模量起泡体系，探索了表面扩张模量对泡沫在平滑裂缝和多孔介质中流动的影响。在多孔介质中，随起泡体系表面扩张模量增加，生成泡沫的粒径变小，且表面扩张黏性模量对泡沫的流动压差有较大贡献。而泡沫在平滑裂缝中的流动阻力仅与泡沫粒径和表面张力有关。通过可视化实验阐明了高表面扩张模量起泡体系易于生成泡沫的机理。在探明表面扩张模量影响泡沫生成机理和流动行为的基础上，研究了起泡体系的耐油性能和提高采收率效果。实验表明，加入有机酸可以提高泡沫的耐油性能，且有机酸和油相碳链长度的相对大小对泡沫耐油性能的提升有重要影响。板状模型驱替实验结果表明，注入小段塞泡沫时，随表面扩张模量升高，泡沫形成的压差增大，提高采收率幅度升高。注入大段塞泡沫时，泡沫的耐油性能对提高采收率效果有较大的影响。高温条件下，构建的高表面扩张模量起泡体系依然有良好的提高采收率效果。

本书分为8章，第1章为概述，主要介绍了泡沫在油田的应用以及高温高盐碳酸盐岩油藏用表面活性剂；第2章为缝洞油藏气驱/泡沫驱规律研究；第3章为表面活性剂-有机酸构建高表面扩张模量起泡体系；第4章为表面活性剂-纳米颗粒构建高扩张模量起泡体系；第5章为表面扩张流变性对泡沫流动影响研究；第6章为扩张流变性对泡沫生成机理影响研究；第7章为起泡体系耐油性能及提高采收率效果研究；第8章为本书取得的结论。

本书的出版得到"西安石油大学优秀学术著作出版基金"的资助，同时得到了中国石油大学(华东)葛际江教授和张贵才教授的指导与帮助。在此，向支持本书研究工作的单位和个人表示衷心的感谢。

限于著者水平和时间，书中不妥之处在所难免，敬请读者批评指正。

目　　录

第1章　概述 ……………………………………………………………（ 1 ）
　1.1　研究目的与意义 …………………………………………………（ 1 ）
　1.2　国内外研究现状 …………………………………………………（ 1 ）
　1.3　本书主要研究内容 ………………………………………………（ 10 ）

第2章　缝洞油藏气驱/泡沫驱规律研究 ……………………………（ 11 ）
　2.1　实验部分 …………………………………………………………（ 11 ）
　2.2　碳酸盐岩板状模型物理模拟研究 ………………………………（ 14 ）
　2.3　可视化模型物理模拟研究 ………………………………………（ 17 ）
　2.4　基于可视化和平板模型的驱替规律 ……………………………（ 22 ）
　2.5　本章小结 …………………………………………………………（ 26 ）

第3章　表面活性剂-有机酸构建高表面扩张模量起泡体系 ………（ 28 ）
　3.1　实验部分 …………………………………………………………（ 29 ）
　3.2　蒸馏水中高表面扩张模量体系的构建 …………………………（ 31 ）
　3.3　塔河中高表面扩张模量体系的构建 ……………………………（ 40 ）
　3.4　盐浓度对表面扩张流变性的影响 ………………………………（ 43 ）
　3.5　温度对表面扩张流变性的影响 …………………………………（ 49 ）
　3.6　扩张流变性对体相泡沫稳定性的影响 …………………………（ 50 ）
　3.7　本章小结 …………………………………………………………（ 51 ）

第4章　表面活性剂-纳米颗粒构建高扩张模量起泡体系 …………（ 52 ）
　4.1　实验部分 …………………………………………………………（ 53 ）
　4.2　活性剂-硅铝溶胶构建的高扩张模量体系 ………………………（ 55 ）
　4.3　纳米氧化铝构建高表面扩张模量体系 …………………………（ 67 ）
　4.4　高温高盐条件泡沫稳定性研究 …………………………………（ 72 ）

4.5 本章小结 ……………………………………………………………（72）

第5章 表面扩张流变性对泡沫流动影响研究 ……………………（74）
5.1 实验部分 ……………………………………………………………（74）
5.2 表面扩张模量对泡沫在毛细管中流动的影响 ……………………（76）
5.3 表面扩张模量对泡沫在多孔介质中流动的影响 …………………（78）
5.4 扩张模量对临界破裂气液比的影响 ………………………………（87）
5.5 本章小结 ……………………………………………………………（90）

第6章 扩张流变性对泡沫生成机理影响研究 ……………………（91）
6.1 实验部分 ……………………………………………………………（91）
6.2 扩张流变性对卡断生成泡沫的影响 ………………………………（94）
6.3 扩张流变性对液膜分离的影响 ……………………………………（111）
6.4 本章小结 ……………………………………………………………（116）

第7章 起泡体系耐油性能及提高采收率效果研究 ………………（117）
7.1 实验部分 ……………………………………………………………（117）
7.2 塔河水中吸附量对比 ………………………………………………（120）
7.3 有机酸对泡沫耐油性的影响 ………………………………………（125）
7.4 低温下泡沫提高采收率效果 ………………………………………（130）
7.5 高温高盐条件下泡沫提高采收率效果 ……………………………（133）
7.6 本章小结 ……………………………………………………………（134）

第8章 结论 …………………………………………………………（135）

附录 ……………………………………………………………………（137）

参考文献 ………………………………………………………………（152）

第1章 概 述

1.1 研究目的与意义

塔河油田是我国在塔里木盆地发现的唯一大型海相碳酸盐岩油田。油藏储集体以构造变形产生的构造裂缝与岩溶作用形成的孔、洞、缝为主[1-3]，其中大型洞穴是最主要的储集空间，裂缝既是储集空间，也是主要的渗流通道。碳酸盐岩基质基本不具有储渗意义，储集空间形态多样、大小悬殊、分布不均且具有很强的非均质性。

与国内外碳酸盐岩油藏相比，塔河碳酸盐岩油藏采收率较低，一次采收率仅为10%~13%。水驱后，由于存在很多裂缝开度低、连通性差的储集体，水驱波及系数较低；波及的储集体内，由于油、水密度差等不利因素，有相当一部分残余油以"阁楼油"的形式存在于孔洞上部或位置相对较高的孔洞内。如何驱替出"阁楼油"和增加驱替介质的波及系数是提高采收率的关键。

气体具有密度低的特点，因而可以驱替"阁楼油"。但由于流度低，气驱过程中气体易窜进。低渗油藏开发中，气、水交替注入及水、气同注等可有效抑制气窜。但在缝洞型油藏中，气、水交替注入及水、气同注是否仍然具有适用性，需要进一步的深入研究。此外，泡沫是良好的封窜剂，但由于缝洞油藏与常规油藏储集体不同，使得对于缝洞油藏而言，气体的扩散对泡沫稳定性影响更大。因此，需要构建适于缝洞介质的泡沫体系。此外，还需要满足高温高盐的油藏条件，所以亟须建立适于缝洞油藏的耐温耐盐起泡体系。

1.2 国内外研究现状

1.2.1 泡沫在油田的应用

油田开发过程中，泡沫有着广泛的应用。目前，泡沫压裂、泡沫钻井液、泡沫洗井液、气井排液以及酸化排空等[4-10]都进行了室内研究或矿场实验。而泡沫应用最为广泛的是泡沫驱提高采收率。

针对中原油田胡 12 块原油，任韶然等[11]优选了空气泡沫调驱的注采方案。矿场先导性试验结果表明，胡 12 块原油具有良好的氧化性能，在中、高渗透非均质油藏中，空气泡沫-空气-水交替注入的效果较好。

针对河南下二门油田，张艳辉等[12]研究了泡沫的气液比及注气速度对泡沫封堵性能的影响，并针对不同渗透率地层做了泡沫调驱的适应性评价。泡沫调驱先导试验结果表明，区块整体含水明显下降，增油效果较为明显。

2011 年，胜坨油田沙二段 3 砂组[13]开展了为期一个月的低张力氮气泡沫驱单井试验，30 天内累积注入起泡剂溶液 2087 m^3。三口受效油井平均综合含水率由试验前的 98.5% 降至试验后的 97.8%，平均单井产液量保持稳定，产油量由 6.3 t/d 上升到 9.2 t/d。

针对濮城油田，杨昌华等[14]通过阴离子型和非离子型起泡剂的复配，构建了耐温耐盐起泡体系，并现场开展了濮 1-1 井组 CO_2 泡沫封窜试验。结果表明，CO_2 泡沫体系可有效提高注入压力，改善吸气剖面。

1.2.2　高温高盐碳酸盐岩油藏用表面活性剂

目前国内外文献中提到的用于碳酸盐岩油藏提高采收率的表面活性剂主要有阴离子表面活性剂、阳离子表面活性剂、非离子表面活性剂和两性表面活性剂[15]。

1. 阳离子表面活性剂

阳离子表面活性剂是较早在研究中用作提高碳酸盐油藏采收率的表面活性剂。Standnes 和 Austad 等[16-22]研究了使用阳离子表面活性剂提高油湿性的白垩岩岩心采收率的可行性。在浓度高于临界浓度(其 CMC 约 1% 质量分数)条件下，阳离子表面活性剂能够非常有效地使原始油湿性岩石吸入水。吸入机理为：首先，吸附在碳酸盐岩表面的原油中的有机羧酸盐与表面活性剂单体之间相互作用产生离子对，然后离子对从固体表面分裂使固体表面变成水湿性。离子对形成后，由于离子对在水中的溶解度很低，离子对往往增溶在胶束中，进一步形成混合胶束。常用的阳离子表面活性剂主要是十二烷基三甲基氯化铵(DTAB)、十六烷基三甲基氯化铵(CTAB)。阳离子表面活性剂烷基链越长，润湿反转效果越好[23]。

从研究结果看，阳离子表面活性剂是效果最好的碳酸盐岩油藏提高采收率用表面活性剂，且该类表面活性剂具有较好的耐温、耐盐能力，在带正电的碳酸盐表面吸附量也低。

2. 阴离子表面活性剂

虽然碳酸盐岩油藏多表现为正电性，但仍有大量关于阴离子表面活性剂提高裂缝性碳酸盐油藏采收率的报道。Yongfu Wu[24]、David Levitt[25]等的研究结果均表明：阴离子表面活性剂可将油-水界面张力降至 10^{-2} mN/m 数量级，而聚氧丙烯支链醇醚硫酸酯盐 Alfoterra[26]有较好的润湿反转效果。耐盐的阴离子表面活性剂主要含有氧乙烯链节和氧丙烯链节。80 年代后，出现了分子中同时含氧乙烯和氧丙烯链节的磺酸盐、硫酸盐阴离子表面活性剂[13]。针对高盐碳酸盐岩储层[14,15]，上述两类表面活性剂在低浓度下(0.1%质量分数)即可取得良好的提高采收率效果。但上述表面活性剂并不适于原油黏度高于 10 mPa·s 的油藏。针对含有氧乙烯的阴离子表面活性剂，国内学者王业飞[29]、李宜坤[30]、靳志强[31]等进行了一系列研究，但在我国该类表面活性剂尚无在碳酸盐岩油藏进行矿场应用的报道。对于含有烷氧基链节的阴离子表面活性剂来说，分子中乙氧基链节数越大，最佳盐含量越高；分子中丙氧基链节数越大，最佳盐含量越低[32]。另外，该类表面活性剂最佳盐含量随温度升高而降低。

另一类可用于高温高盐油藏的起泡剂的活性剂是烷基二苯醚双磺酸盐[33]。该活性剂的特殊分子结构赋予了其优异的热稳定性和良好的耐盐性能，这主要是由于其特殊结构对 Ca^{2+}、Mg^{2+} 离子有螯合作用，即在二价离子对其界面活性影响很小。

3. 非离子表面活性剂

非离子表面活性剂也是研究较早的碳酸盐岩提高采收率用表面活性剂。该类表面活性剂主要包括脂肪醇聚氧乙烯醚、烷基酚聚氧乙烯醚等。Dag C. Standnes 在碳酸盐岩岩心中比较了 $C_{12}TAB$ 和聚氧乙烯烷基醇醚的自吸排油效果，发现当表面活性剂的浓度均为 3500 mg/L 时，$C_{12}TAB$ 效果明显好于聚氧乙烯烷基醇醚[34]。但也有文献认为聚氧乙烯烷基醇醚润湿反转效果好于十二烷基三甲基氯化铵[20]。

该类表面活性剂具有较好的耐盐能力，但耐温能力差，这主要是由于非离子表面活性剂均存在浊点，故使用温度应低于其浊点温度。通过增加氧乙烯链节数，虽能提高表面活性剂的浊点，但该类表面活性剂在高盐含量的条件下(如矿化度>10^5 mg/L)浊点低，因此该类表面活性剂仅适合在低温高盐碳酸盐岩油藏中使用。

4. 两性表面活性剂

用于提高碳酸盐岩油藏采收率的两性表面活性剂主要是甜菜碱类表面活性剂。李干佐发现 DSB 可将天然羧酸盐的耐钙镁离子能力从 380 mg/L 显著提高至 5000 mg/L[35]。据此,徐军通过能量计算和电荷分布计算发现长链烷基羧酸盐和 DSB 两者混合胶束的界面层中存在负电荷空穴,并提出了二价金属离子被络合的模型[36]。大庆油田科研人员研究发现[37],极低浓度的甜菜碱表面活性剂即可使油水界面张力降至超低。针对大庆原油研制的羟磺基甜菜碱,质量分数仅为 0.005%时即可使油水界面张力降至 10^{-3} mN/m 以下。

由于酸性条件下甜菜碱类表面活性剂分子电离后表现出正电性,因此该类表面活性剂可以在带正电的碳酸盐岩表面的吸附较低。另外,甜菜碱类表面活性剂耐温耐盐性能优异,是有潜力的碳酸盐岩油藏提高采收率用表面活性剂。

1.2.3 泡沫的生成机理

气体和起泡剂溶液在平滑缝洞介质中难以生成泡沫。而粗糙平面中,泡沫生成的机理与多孔介质中泡沫生成的机理相似。气体和起泡剂溶液在多孔介质中的两相流会在多孔介质中就地升成泡沫。这种情况下,生成泡沫的主要机理有三个:卡断、液膜分离和液膜滞后[38,39]。液膜滞后通常发生在气体进入饱和有液体的多孔介质时,液膜滞后生成的泡沫通常是弱泡沫,这是由于通过该机理生成的液膜与流动方向相同;液膜分离主要发生在液膜经过分岔口时,且发生液膜分离时的流速与毛管数相关[40]。而毛管数则与多孔介质中的压差、分岔口的数量以及起泡的密度有关[41]。

当气体进入多孔介质且液体在喉道处积累至一定程度时,液体会发生架桥从而使气泡发生卡断,如图 1-1 所示[42]。图中黑色代表岩石,灰色为液相,白色为气相。图 1-1 中自左至右毛管力逐渐下降,最终发生了卡断。气体进入喉道需要先克服进入毛管力 P_c^e。当喉道处的毛管力下降至 P_c^{sn} 时,才会发生卡断,而 P_c^{sn} 的大小取决于孔喉结构。填砂管中[43-47]直接测量得到的结果是 $P_c^{sn} \approx (P_c^e/2)$ 时,即可发生卡断。目前,文献报道的共有七种方法可以使 P_c^{sn} 降至 $P_c^e/2$。

(1) 宏观渗吸[48,49]。例如,当交替注入气体和活性剂溶液时,随着液体饱和度的升高和毛管力的下降,P_c 可能会降至 P_c^{sn},从而发生卡断生成泡沫。

(2) 对单一的气泡而言,在泡沫流动过程中,当气泡进入喉道或者气泡从喉

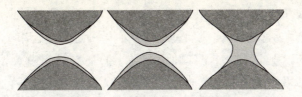

图 1-1 孔喉模型中卡断示意图

道进入孔隙时,毛管力都会发生波动。该过程中毛管力的变化见图 1-2。而对于不同的气泡而言,气泡的压力也因泡而异。气泡间的压差主要取决于液膜的曲率半径[50,51]。从图 1-2 中可以看出,当液膜通过喉道或者液膜的曲率发生变化时,毛管力会发生骤变。毛管力的骤变可以看作是发生卡断的边界条件。当毛管力低于 P_c^{sn} 越多时,越容易发生卡断。

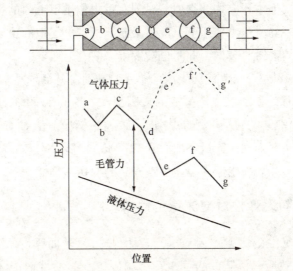

图 1-2 多孔介质中气泡运动引起的毛管力震荡示意图

(3) 对于气泡而言,由于气体是非黏滞性的,因此,绝大多数的压降发生在液膜处。而气泡中气体的压力是一样的,气泡尾端液体的压力高于气泡前端液体的压力。因此,气泡尾端处的毛管力要小于气泡前端的毛管力。所以,正如刻蚀模型中观察到的一样,卡断更容易在气泡的尾部发生[52]。

(4) 当气体和活性剂溶液以恒定的比例流过渗透率突变区时,会有一小段区域内毛管力很小[53,54]。例如,在填砂管实验中,当气体和表面活性剂溶液从低渗带流向高渗带时,就会发生卡断[55-57]。而这一现象的极限例子是气液流经填砂管的出口端。

(5) 当气体进入充满液体的孔隙时,会有部分液体流回喉道,随着液体在喉道的累积，会发生卡断[58-61]。孔隙半径远大于喉道半径时，卡断越容易发生，而且此过程仅会发生在液体回流的过程中。如果满足喉道远小于孔隙这一条件，那么将会不断地发生卡断，直至孔隙中充满小的气泡[62]。这种情况下之所以会发生卡断是由于当气体进入孔隙时，气液界面的曲率从喉道中的 $2/R_t$ 降至孔隙中的 $2/R_b$。如果 $R_b > 2R_t$，那么不管此时周围孔隙介质中的毛管力有多高[63,64]，喉道处的毛管力也可以引发卡断。对于这类卡断，一般称其为发生卡断的 Roof 准则。

（6）气体通过喉道后停止流动，那么液体将不断累积并在喉道上端处发生卡断从而生成小的气泡。如果生成的小气泡比喉道还要小，那么小气泡将会通过喉道[65,66]。

（7）如同长气泡中压差均一类似，对于在重力作用下上浮的气泡而言，气泡内的压力也是均一的。重力作用下，液体会向下指进。气泡的顶端仅仅毛细管进入压力，而尾端的毛管力较低，此时也会发生卡断[67]。

Kovscek 和 Radke[68]认为泡沫生成的最主要机理是卡断，尤其当起泡剂溶液和气体同时注入时，卡断对泡沫生成的贡献更大。Ettinger 和 Radke[69-70]测定了 Berea 岩心中产出泡沫的粒径，结果表明，随着气体流量增大，产出泡沫粒度变大。液膜分离的频率随气体流量增加而升高。如果液膜分离是生成泡沫的主导机理，那么泡沫将不会表现出通常实验中观察到的剪切稀释性。

1.2.4 表面黏弹性对泡沫稳定性的影响

影响泡沫稳定性的因素主要有[71]：表面张力、表面黏度、溶液体相黏度、Gibbs-Marangoni 效应、液膜的表面电荷、温度、表面活性剂浓度、电解质、泡沫质量等。Rosen 认为决定泡沫持久性的因素是液膜的排液、气体通过液膜的扩散、表面黏度、双电层的性质。在高温高盐缝洞介质中，很难改变液膜的排液和双电层的性质。但可以通过改变气液界面的黏弹性质以达到改善泡沫性能的效果。

泡沫的液膜必须具有弹性才能承受一定的形变量而免于破裂。Marangoni 和 Gibbs[72]首先提出了对液膜表面弹性的解释。当表面活性剂稳定的液膜突然扩张时，由于扩张部分的面积突然增大，使得该处表面活性剂浓度必然低于未扩张处的活性剂浓度。扩张处表面张力升高阻止了液膜进一步扩张。而表面张力的升高会引起液膜的收缩。除了具有弹性外，由于体相液体的作用，液膜表面也具有一定的黏性。因此，液膜的收缩会引起体相中的液体从低表面张力区域流动到高表面张力区。该现象成为 Marangoni 效应。直到表面活性剂的吸附重新达到平衡时，Marangoni 效应才会消失。对于厚液膜而言，该过程会很快发生，而对于薄液膜，扩张处的表面活性剂的浓度较低，无法迅速恢复平衡状态。综上，Gibbs-Marangoni 效应可以起到稳定泡沫的效果。但是其可能主要在泡沫受到快速破坏或者液膜较薄时才会有比较重要的作用。

多数表面活性剂溶液都表现出表面张力动态变化的特性，即表面张力达到平衡需要一定的时间。如果溶液的表面面积突然增大或缩小，那么吸附在表面上的活性剂就需要一定的时间从体相中扩散到气液界面或者自气液界面扩散到体相中。达到平衡时，表面弹性 E_G 表达为：

$$E_G = d\sigma / d\ln A \qquad (1-1)$$

式中，E_G 为表面弹性；σ 是表面张力；A 是表面面积。表面弹性与表面压缩系数呈反比。下标 G 表明，表面弹性是在恒温稳定状态下测得的。E_G 仅在薄液膜上的表面活性剂分子较低，液膜形变后无法恢复到平衡状态时起作用。

非稳定状态下测得的弹性大小取决于对体系施加形变量的大小，这种条件下测得的弹性被定义为 Marangoni 弹性。

$$\Delta\sigma = E_M \Delta\ln A + (\kappa^s - \eta^s) d\ln A / dt \qquad (1-2)$$

式中，E_M 为 Marangoni 弹性；κ^s 扩张黏性的贡献；而 η^s 为体相黏滞力的贡献。对于泡沫而言，Marangoni 弹性十分重要。

Malysa 等[73]发现 E_M 和正辛醇、正辛酸溶液的起泡性能有关。Huang 等[74]测定了不同碳链长度的 α 烯烃磺酸盐的 E_M。结果表明，随着碳链长度增加，E_M 增大。

上述研究结果表明 E_M 主要对以下几个方面有影响：①薄液膜的析液时间；②静态泡沫的半衰期；③泡沫高度；④气体透过率降低。上述关系表明高表面弹性提高了泡沫的稳定性。Lucassen-Reynders[75]揭示了表面活性剂浓度对 Gibbs 弹性的影响。当表面活性剂浓度较低时，随着活性剂浓度增加，Gibbs 弹性增强至某一最大值。然后随着表面活性剂浓度继续增大，Gibbs 弹性降低。但是他们认为表面弹性和泡沫稳定性之间没有直接的关联。考虑泡沫稳定性时，同时需要考虑液膜厚度、吸附行为等因素的影响。

Bergeron 的研究[76]表明经典的 DLVO 理论在泡沫或乳状液稳定性的研究上存在明显的缺陷。这是 DLVO 理论将液膜看作是一个均一、带电而且不会变形的实心表面。然而，实际情况中，在泡沫液膜上均存在空间震荡和表面活性剂密度震荡，如图 1-3 所示。

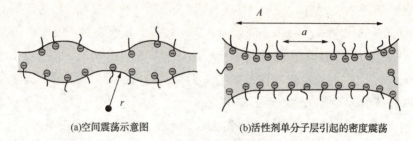

(a)空间震荡示意图　　　　　(b)活性剂单分子层引起的密度震荡

图 1-3　薄液膜中表面活性剂空间震荡和密度震荡示意图

Vrij 的工作[77]重点研究了空间震荡对液膜破裂的影响；De Vries[78]则解释了常规黑膜(common black film)成核破裂的原因。同样的，表面活性剂的密度震荡对 DLVO 理论的影响研究也较少。

首先说空间震荡的影响。空间震荡会引起液膜表面的压力震荡。而发生震荡的概率则取决于该过程所需的能量：

$$P_s \approx c_s \exp\left(-\frac{\Delta G_s}{kT}\right) \tag{1-3}$$

式中，P_s 是空间震荡的概率；c_s 是常数；ΔG_s 是所需的能量。对于纯液体而言，Vrij 等[77]计算出了液膜发生正弦波动时的能量。而当存在活性剂时，Bergeron[76]的研究表明 ΔG_s 可以用下式表示。

$$\Delta G_s = (\varepsilon + \sigma)\frac{2B^2\pi^2}{\Lambda} - \Lambda B^2 \frac{d\Pi}{dh} \tag{1-4}$$

$$\varepsilon = \frac{d\sigma}{d\ln a} = \varepsilon_d + i\eta_s\omega \tag{1-5}$$

式(1-4)和式(1-5)中，ε 是表面扩张模量；ε_d 和 η_s 分别为弹性模量和表面扩张黏度；ω 是扰动的频率；B 是扰动的振幅；Λ 是波长。式(1-4)中的第二项是扰动过程中相互作用能的变化，通常情况下其对整体能量的贡献很小。上述表达式与 Vrij 的经典表达式不同之处在于其引入了由于加入活性剂而产生的表面扩张模量的影响。式(1-4)还可以引入更高阶的表面曲率以及分析空间震荡的概率。但由于其与 ε 和 σ 相比，通常较小，所以一般不需要引入更高阶的表面曲率。由于一些条件下表面模量会高于表面张力，所以其有可能成为对扰动影响最大的因素。通过式(1-3)可以看出，高的表面扩张模量降低了表面发生扰动的概率。通常情况下，可以用 Gibbs-Marangoni 效应来表征上述作用。Lucassen-Reynders 和 Hansen 也通过实验证明表面活性剂单分子层对于抑制表面震荡有很重要的作用。

液膜的尺寸对于空间震荡的也有影响。结合式(1-1)，Vrij 通过限定液膜的直径在扰动波长范围以内这一条件，首先发现了这一现象。对于很小的液膜，发生大于液膜直径的扰动的概率很低，通常只会发生小于液膜直径的扰动。此时，小的拟稳态的普通黑膜会有更好的稳定性。

其次是表面活性剂密度震荡的影响。界面上表面活性剂密度的震荡是经典的 DLVO 理论中另一个没有考虑到的因素。对于离子型的表面活性剂而言，表面活性剂的密度震荡会引起表面电荷密度的震荡，进而影响 DLVO 中的势垒。使用标准的热力学统计方法可以较为简便的研究哪种因素对表面活性剂的密度震荡有较大的影响。与体相密度震荡规律相似，表面活性剂的表面密度震荡可以表达为：

$$\frac{\{(\Delta \Gamma)^2\}}{\{\Gamma\}^2} = \frac{kT}{\Gamma^2 a}\left(\frac{d\Gamma}{d\mu}\right)_T \tag{1-6}$$

式(1-6)中右端代表表面活性剂平均吸附量的均方相对偏差，μ 是化学势；a 是表面震荡的面积。此外，根据表面动力学有如下关系式：

$$\left(\frac{d\Gamma}{d\mu}\right)_{T,N} = \frac{\Gamma^2}{\varepsilon_0} \tag{1-7}$$

将式(1-7)代入式(1-6)可以得到表面弹性和体相压缩系数对表面活性剂密度震荡的影响。

吸附活性剂的密度震荡可以表达为：

$$\frac{\{(\Delta \Gamma)^2\}}{\{\Gamma\}^2} = \frac{kT}{\varepsilon_0 a} \tag{1-8}$$

体相密度震荡：

$$\frac{\{(\Delta \rho)^2\}}{\{\rho\}^2} = \frac{kT\kappa}{v} \tag{1-9}$$

式中，ρ 为体相密度；k 是体相压缩系数；v 是体积。从式(1-9)中可以看出，压缩系数与表面弹性是负相关的。

最终得到活性剂密度震荡的表达式为：

$$P_\Gamma \sim c_\Gamma \exp\left(-\frac{\Delta \Gamma^2}{2\{\Delta \Gamma^2\}}\right) \tag{1-10}$$

结合式(1-8)，可得：

$$P_\Gamma \sim c_\Gamma \exp\left(-\frac{\varepsilon_0 a}{kT}\right) \tag{1-11}$$

从式(1-11)可以看出，当 a 与液膜厚度在同一数量级上而且震荡周期与液膜破裂的时间相近时，P_Γ 将会起到很关键的作用。

从式(1-11)可以看出，高的极限模量，可以降低表面活性剂密度震荡的概率，从而减弱液膜对活性剂密度震荡的敏感性。尽管式(1-3)和式(1-11)仅仅是定性的表述，而且只考虑了热力学引起的震荡，但是其表征了液膜破裂的关键影响因素。两个式子都证明，表面弹性在抑制空间震荡和表面活性剂密度震荡两个方面都有很重要的作用。高表面弹性抑制了震荡，那么克服势垒的可能性降低，液膜会更加稳定。式(1-3)和式(1-11)表明，不仅只有活化位垒发挥着重要的作用，体系抑制震荡的能力同样重要。

1.3 本书主要研究内容

（1）针对塔河缝洞型碳酸盐岩油藏，通过有机玻璃可视化模型和碳酸盐岩板状模型开展了驱替实验，研究了注水后期缝洞型油藏的剩余油分布规律，考察了注泡沫的可行性，并提出了适于该类油藏的泡沫特性。

（2）以降低缝洞介质中泡沫间的气体扩散且提高泡沫稳定性为出发点，提出了构建高表面扩张模量起泡体系的思路。研究了表面活性剂与有机酸/醇复配以及表面活性剂与纳米颗粒复配构建高表面扩张模量起泡体系的可行性。

（3）以构建的不同模量的起泡体系为基础，考察了泡沫的稳定性。通过对比不同表面扩张模量体系的流动规律，建立了表面扩张模量同泡沫生成及流动阻力间的关系，阐明了表面扩张模量对泡沫生成行为的影响，为高表面扩张模量泡沫的应用提供了理论支持。

（4）对构建的起泡体系，考察了体系的耐油性能。并在碳酸盐岩板状模型中开展了驱替实验，对比了不同起泡体系的提高采收率效果。

第2章 缝洞油藏气驱/泡沫驱规律研究

缝洞碳酸盐岩油藏储集空间结构复杂、非均质性强，以管流为主的多种流动方式共存，已为共识。在塔河缝洞型油藏中，油层跨度大、水含盐量高，气、油、水的重力分异作用更为突出，由此可能导致缝洞型油藏注气、注泡沫采油规律完全不同于低渗透砂岩油藏。

开展缝洞油藏物理模拟研究的难点是模型制作。由于难以刻画地下复杂的缝洞结构，往往采取简易的缝洞模型，如可视化(有机)玻璃刻蚀缝洞模型[79-82]、全直径岩心刻蚀缝洞模型[83-84]、岩板刻蚀缝洞模型[85]、三维缝洞物理模型[86,87]等。根据现场建议的缝洞结构，制备了缝洞结构相同的岩板模型和可视化模型。首先通过岩板刻蚀缝洞模型来研究不同气驱方式的产液特征、产液规律，在此基础上通过具有相同缝洞结构的玻璃刻蚀模型来定性解释上述规律产生的机制，从而为缝洞单元气驱方式的选择提供指导。

2.1 实验部分

2.1.1 实验仪器和药品

实验用到的主要仪器和药品见表2-1和表2-2。

表2-1 实验所用仪器

仪器	型号	生产厂家
平流泵	BP100	北京卫星平流泵厂
摄像头	DSA 100	索尼
气体质量流量控制器	M146	Porter
循环水浴	DC1030	上海越平

表 2-2 实验所用药品

名 称	代 号	纯 度	生产厂家
月桂酰胺丙基甜菜碱	LAB	分析纯	临沂绿森化工
氮气	N_2	99%	青岛天源气体厂
氯化钠	NaCl	分析纯	上海国药集团
氯化钙	$CaCl_2$	分析纯	上海国药集团
氯化镁	$MgCl_2$	分析纯	上海国药集团

实验中制备碳酸盐岩板状模型所用的天然碳酸盐岩矿物分析结果见表 2-3。

表 2-3 碳酸盐岩石板 XRD 结果

矿物类型	石英	正长石	斜长石	方解石	白云石	菱铁矿	黄铁矿	黏土矿物
含量/%	1	—	—	98	—	1	—	—

塔河地层水离子组成见表 2-4。

表 2-4 塔河地层水离子组成

离子含量/(mg/L)						总矿化度/(mg/L)
Cl^-	HCO_3^-	CO_3^{2-}	Ca^{2+}	Mg^{2+}	Na^+	
137529.5	183.6	0	11272.5	1518.8	73298.4	223802.8

2.1.2 模型设计与制作

塔河缝洞型油藏非均质性远超常规孔隙和裂缝-孔隙型油藏，导致各种单一介质或双重介质物理模型不适用。针对奥陶系缝洞型油藏，前期研究表明基质岩块孔隙度 1% 以内，渗透率小于 $1\times10^{-3}\,\mu m^2$，裂缝开度 0.1~50mm，含油部位主要为裂缝、溶蚀孔洞发育部位。基于前期对塔河缝洞型油藏的研究认识，发现其储层缝洞发育，裂缝以垂直缝为主。模型的缝洞结构如图 2-1 所示。

可视化模型尺寸为 200mm×180mm。模型中 1、2、3、4、5、6、7、8、9 为缝洞储集单元；储集单元间由 200~400μm 缝隙连通，连通方式为单连通或多连通；10、11 为直井井筒，穿透 1、2、3 及 8、9 等储集单元；4、6、7 为难波及的储集单元；13 为玻璃基质。为了便于清洗模型和饱和油，设计了流动通道 14 和 15、16 两个注入口，实验过程中，关闭 15 和 16 两个注入口。

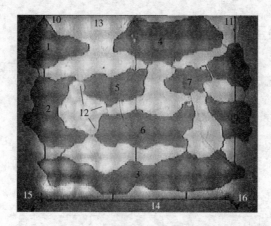

图 2-1 试验用可视化缝洞模型

实验过程中，先向模型中饱和模拟油（机油与柴油按照 1:3 的比例配制而成，黏度为 12 mPa·s，与储层条件下塔河原油的黏度相同），然后开展水驱后转气驱等物理模拟实验。实验过程中，注入流速为 0.2 mL/min。

此外，使用碳酸盐岩石板雕刻了与上述可视化模型缝洞结构相同的板状模型。为了确保制备的裂缝与现场裂缝有相近的尺度，在雕刻的裂缝中使用耐温胶结剂胶结了不同粒度的碳酸盐岩颗粒。使用的胶结剂为[85]：有机胶结剂占总质量的 8%~12%，无机胶结剂占总质量的 10%~20%，松香占总质量的 2%~5%，其余量为碳酸盐岩粉末，各组分的质量分数之和为 100%。有机胶结剂选择聚乙烯醇和 P_2O_5 的混合物。无机胶结剂为磷酸镁、铝酸镁和硅铝酸盐的混合物。使得制备的裂缝尺度分布在几百微米至几毫米范围内，与矿场裂缝尺度相近。雕刻的碳酸盐岩板状模型结构如图 2-2 所示。实验过程中，设置回压为 0.5 MPa。

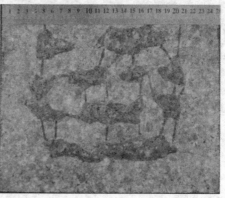

图 2-2 雕刻后的石板

2.2 碳酸盐岩板状模型物理模拟研究

2.2.1 水驱后转气驱物理模拟

1. 水驱后转气驱

试验时先水驱(流量1mL/min)至含水率大98%以上后,再转氮气驱(气体流量5mL/min)。试验结果如图2-3所示,可以看出,水驱后进行气驱,采收率增值为18.7%。

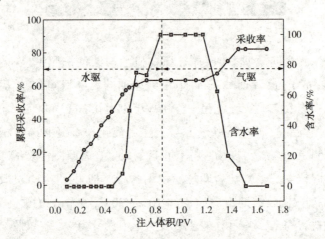

图2-3 水驱后转气驱生产曲线

2. 注气方式组合

水驱(流量1mL/min)至含水率大于98%以上后,转氮气驱,至出气后将回压升高0.5MPa,待气体再突破后停止注气。关闭注入口阀门焖井15min后,再水驱(水驱过程中不断降低回压,直至水驱前回压),试验结果如图2-4所示。

可以看出,采收率增值为22%,效果好于单纯气驱。

上述实验中,均保持注气速度恒定。考虑到实际开发过程中不同阶段可能需要改变注气速度,故考察了不同注气速度组合对提高采收率的影响。实验中,考察了先快注(3mL/min,回压条件下)0.6PV后慢注(1mL/min,回压条件下)0.6PV和先慢注(1mL/min,回压条件下)0.6PV后快注(3mL/min,回压条件下)0.6PV两种方式下的采收率,并与以2mL/min的速度恒速注入相对比,结果如图2-5所示。

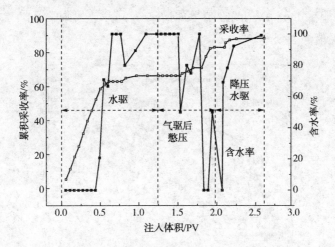

图 2-4 水驱后气驱憋压再转水驱降压生产

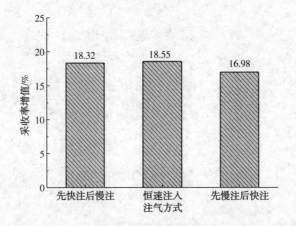

图 2-5 不同注气方式对采收率的影响

从以上结果中可以看出,先快注后慢注与恒速注入两种方式的提高采收率效果大致相当,而先慢注后快注时,提高采收率效果最差。分析其原因,可能是由于气驱开始时,先快速注入并不会导致明显的气窜通道形成,后续气驱时,降低注气速度可有效缓解气窜的影响。而先慢注后快注时,后续注气速度较快,因此形成气窜通道的时间更早,从而使得后续注入的气体作用不明显。综上,气驱开发中,建议采取恒速注入或先快注后慢注的方式,不建议采用先慢注后快注的开发方式。

2.2.2 水驱后转气水混注物理模拟

1. 水驱后转气水同注

水驱(流量 1mL/min)至含水率大于 98% 以上后,转水气同注(水流量 1mL/

min,气体流量 5mL/min)。试验结果如图 2-6 所示,可以看出,水驱后进行气驱,采收率增值为 22.8%。

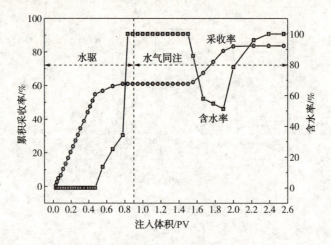

图 2-6 水驱后转水气同注采油曲线

2. 水驱后转气水交替注入

试验先水驱,然后气水交替注入两轮后结束。气水交替注入的段塞设计两种方案,一种是气体和水的段塞均是 0.3PV,另一种是气体和水的段塞均是 0.5PV。结果如图 2-7 和图 2-8 所示。

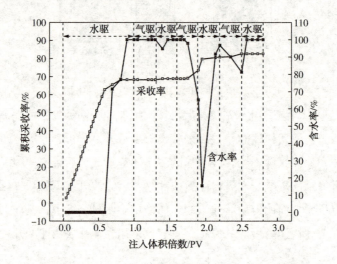

图 2-7 水驱后转水气交替(0.3PV)注入采油曲线

可以看出,第一方案采收率增值为 14.3%,第二方案采收率增值为 17.5%。第一方案在第一轮几乎不出油,第二方案采收率大幅度发生在第一轮。

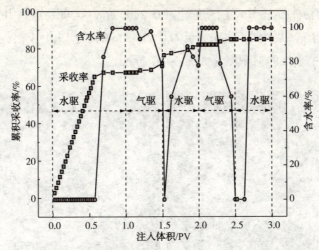

图 2-8　水驱后转水气交替注入(0.5PV)采油曲线

3. 水驱后转泡沫驱

试验时水驱(流量 1mL/min)至含水率大于 98% 以上后,再实施泡沫驱(起泡剂溶液流量 1mL/min,起泡剂为有效含量 1.0% 的 LAB,气体流量 5mL/min)。试验结果如图 2-9 所示,可以看出,水驱后进行泡沫驱,采收率增值为 29.4%,效果好于单纯气驱和气水同注。

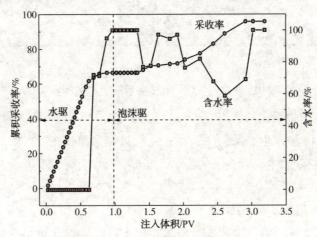

图 2-9　水驱后转泡沫驱生产曲线

2.3　可视化模型物理模拟研究

2.3.1　水驱后转气驱的可视化物理模拟

自直井 10 注水生产(注水流量为 0.2mL/min),至产出井 11 含水率大于

· 17 ·

98%；然后从直井 10 注气（注气流量为 0.2mL/min），直到产出井 11 不产油为止；最后直井 10 恢复注水（注水流量为 0.2mL/min）至产出井 11 含水大于 98%结束。试验过程中采集的典型图片如图 2-10 所示。

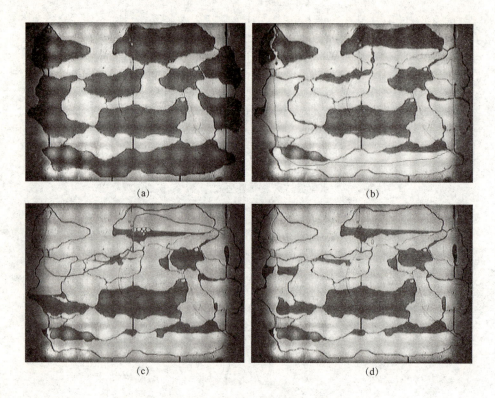

图 2-10　水驱-转气驱-转水驱过程中采集典型图片

从图 2-10 可以看出：

（1）直井 10 注水生产时，注入水首先通过储集单元 1、2、3 向 8、9 推进，在重力分异作用下水主要存在于储集单元底部，油上浮于储集单元顶部并通过连通缝隙产出，水驱后剩余油主要富集于 1、4、6、7 储集单元，储集单元 7 未被水波及，此时采收率为 49.1%。

（2）直井 10 注气时，气体通过储集单元 1、2、5 向 4 推进，并将油向储集单元中下部压制，便于通过缝隙产出。由于气体流动通道形成并进入产出井 11，储集单元 6、7 基本未被波及，此阶段采收率增值 12.8%。

（3）恢复水驱后储集单元 1、2、3、8、9 水位提高，注入水再次进入产出井 11，当含水大于 98%时，此阶段采收率增值 2.5%，全过程总采收率为 64.1%。

2.3.2 水驱后转水气同注的可视化物理模拟

首先直井 10 注水(注水流量为 0.2mL/min)生产，至产出井 11 含水大于 98%；然后直井 10 以 1∶1 水气同注(注水流量为 0.1mL/min，注气流量为 0.1mL/min)，至产出井 11 含水大于 98%；最后直井 10 恢复注水(注水流量为 0.2mL/min)直到产出井 11 含水大于 98%结束。试验过程中采集的典型图片如图 2-11 所示。

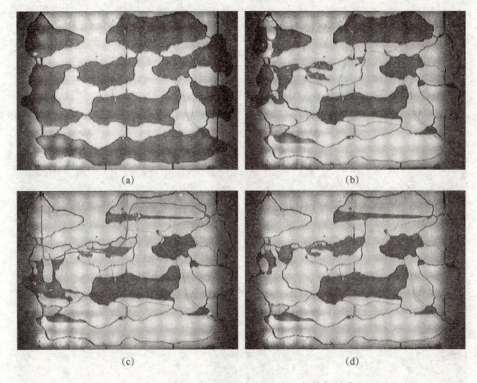

图 2-11　水驱-转气水同注-转水驱过程中采集的典型图片

（1）直井 10 注水生产，注入水首先通过储集单元 1、2、3 向 8、9 推进，在重力分异作用下水主要存在于储集单元底部，油上浮于储集单元顶部并通过连通缝隙产出，水驱后剩余油主要富集于 1、2、4、6、7 储集单元，储集单元 7 未被水波及，此时采收率为 51.0%。

（2）直井 10 水气同注，气体通过储集单元 1、2、5 向 4 推进，注入水保持原流动路线，气体向下压制储集单元内的油，水将油托起，二者相互作用便于油通过缝隙产出，最终气体流动通道形成并进入产出井 11，储集单元 6、7 基本未被波及，此阶段采收率增值 19.7%。

（3）恢复水驱后储集单元 1、2、3、8、9 水位提高，注入水再次进入产出井

11，当含水大于98%时，此阶段采收率增值0.92%，全过程总采收率为71.6%。

2.3.3 水驱后转气水交替注入的可视化物理模拟

首先直井10注水(注水流量为0.2mL/min)生产，直到产出井11含水大于98%；然后从直井10交替注入水和气体(注水流量和注气流量均为0.2mL/min)，每一段塞为0.05PV，直到产出井11没有油产出；最后直井10恢复注水(注水流量为0.2mL/min)，直到产出井11含水大于98%结束。

试验过程中采集的典型图片如图2-12所示。

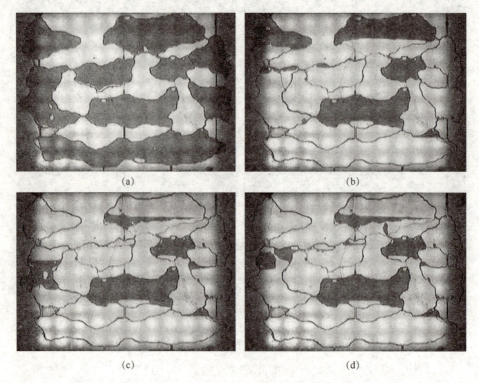

图2-12 水驱-转气水交替注入-转水驱过程中采集的典型图片

从图2-12可以看出：

(1) 直井10注水生产，注入水首先通过储集单元1、2、3向8、9推进，在重力分异作用下水主要存在于储集单元底部，油上浮于顶部并通过连通缝隙产出，水驱后剩余油主要富集于1、4、6、7储集单元，储集单元7未被水波及，此时采收率为51.0%。

(2) 直井10注水气段塞，气体通过储集单元1、2、5向4推进，注入水保持原流动路线，气体向下压制储集单元内的油，水将油托起，便于通过缝隙产出,最终气体流动通道形成并进入产出井 11,储集单元 6、7 波及较小,与第二个实验结果接近,此阶段采收率增值 15.8%。

(3)恢复水驱后储集单元 1、2、3、8、9 水位提高,注入水再次进入产出井 11,当含水大于 98%时,此阶段采收率增值 2.92%,全过程总采收率为 69.7%。

2.3.4 水驱后转注泡沫的可视化物理模拟

首先直井 10 注水(注水流量为 0.2mL/min)生产,直到产出井 11 含水大于 98%;然后直井 10 以起泡剂溶液(质量分数为 1%的 LAB 溶液)与气体 1:1 的比例同注(起泡剂溶液的注入流量为 0.1mL/min,注气流量为 0.1mL/min,注入模型前,先通过泡沫发生器),直到产出井 11 含水大于 98%;最后直井 10 恢复注水,直到产出井 11 含水大于 98%结束。试验过程中采集的典型图片如图 2-13 所示。

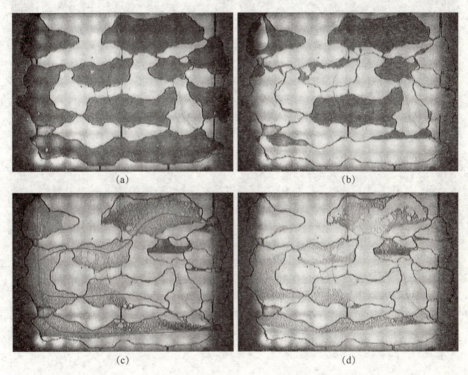

图 2-13 水驱-转注泡沫-转水驱过程中采集的典型图片

从图 2-13 中可以看出:

(1)直井 10 注水生产,注入水首先通过储集单元 1、2、3 向 8、9 推进,在重力分异作用下水存在于储集单元底部,油上浮于顶部并通过联通缝隙产出,水驱后剩余油主要富集于 1、4、6、7 储集单元,7 未被水波及,与前面实验结果基本一致，此时采收率为46.8%。

（2）直井10注入泡沫，最初由于泡沫浓度较低加之消泡较多，呈现气驱的表现，随着后续泡沫浓度地不断增大，泡沫的稳定性逐渐提高，泡沫驱表现越来越明显，泡沫的通过性介于气体和水之间，但泡沫占据储集单元的性能远超过气体和水，可排开储集单元中的水、气、油而占据整个储集单元空间，狭缝也对泡沫有二次分散的作用(图2-14 b)。当产出井11含水大于98%时，泡沫驱采收率增值达38.0%。

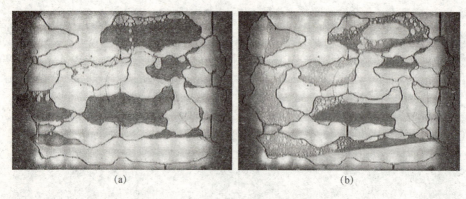

(a)　　　　　　　　　　　　(b)

图2-14　泡沫驱过程中的特征图片

（3）恢复水驱后，储集单元内的剩余泡沫仍起一定作用，泡沫对储集单元3有一定的封堵作用，注入水沿储集单元1、2、5、4、9进入产出井，注入水再次进入产出井11后，当含水大于98%时，此阶段采收率增值5.8%，全过程总采收率为90.6%。

2.4　基于可视化和平板模型的驱替规律

结合碳酸盐岩板状模型中提高采收率效果和可视化模型中不同驱替介质的流动规律，总结了驱替规律，并提出了适用于缝洞油藏开发的建议。

2.4.1　缝洞体驱替规律

根据可视化模型不同驱替实验中的流动规律，缝洞体中不同驱替介质的行进规律为：气往高处去，水往低处流，泡沫高低都能走。

对于缝洞储集单元来说，由于油水的重力分异作用，注入水易沿洞的低部位或低部位洞窜进，使得水驱后剩余油以"阁楼油"的形式分布，如图2-15所示。

注气后，气首先进入模型高部位的缝洞或洞的高部位，如图2-16所示。通过置换下压"阁楼油",同时部分"阁楼油"被气携带驱出。该过程气体行进路线完全不同于注入水,即"水气不同路"。水驱后实施气水同注,"气水不同路"现象更为明显:气进入模型高部位缝洞,水易沿模型低部位缝洞窜进。

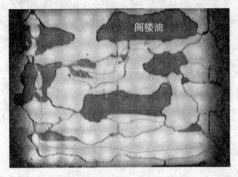

图 2-15　水驱后剩余油分布
（箭头示水进方向）

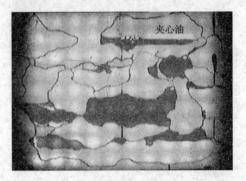

图 2-16　水驱转注气剩余油分布
（箭头示气进方向）

"气水不同路",注气能作用于高部位洞"阁楼油",但难波及低部位洞"阁楼油"。另外,注气后高部位洞出现"夹心油",如图 2-16 所示。

水气在表面活性剂作用下形成泡沫,实现"水气同路",见图 2-17。泡沫兼具水、气行为:既能进入高部位缝洞,又能进入低部位缝洞;既可置换"阁楼油"（图 2-18,图 2-19）,又可顶替"阁楼油"。由此使得气体总的利用率低于单纯注气（部分泡沫窜入水道）,另一方面进入高部位洞中泡沫驱油效果又优于单纯注气。

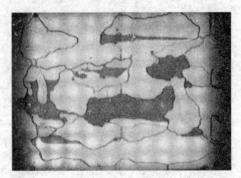

图 2-17　水驱转气水同注剩余油分布
（箭头示水进方向）

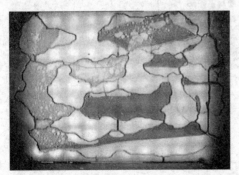

图 2-18　泡沫同时进入高部位
缝洞和低部位缝洞

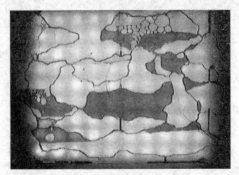

图 2-19　泡沫对阁楼油的
置换和顶替作用

2.4.2 气驱段塞的优化

气体流度高,易气窜。低渗透油田注气时常用气水混注、气水交替注入等工艺来抑制气窜。针对缝洞模型,比较连续注气、气水混注、气水交替注入(单元段塞设计0.3PV、0.5PV两种方式)三种接替水驱的方式发现,气水同注(22%)>连续注气(18.7%)>大段塞气水交替(17%)>小段塞气水交替(14%)。但从采油速度上看,连续注气>大段塞气水交替>水气同注>小段塞气水交替(图2-20、图2-21)。

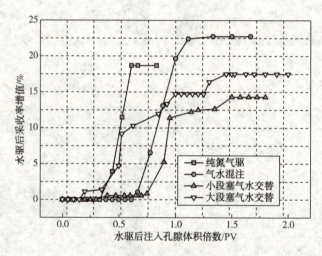

图2-20 水驱后不同接替方式采收率

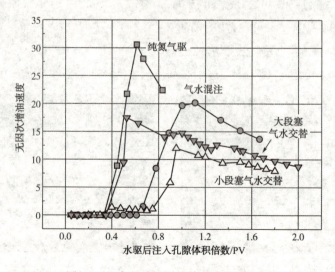

图2-21 水驱后不同接替方式产油速度

置换"阁楼油"需要足够的气量。气水交替注入时,小段塞的气体不足以有效压油,而后续的注入水不能作用于阁楼油,导致水气交替的效果弱于连续注气。由此可见,合适的注气量是缝洞油藏气驱设计的关键。

而单独注气时,由于气体的下压作用,会将部分原油压至水驱通道,形成剩余油。气水混注时,水沿着先前的水驱通道驱替,有效地防止了这类剩余油的形成,故而气水混注的采收率高于单独气驱。通过上述分析,对不同驱替方式的采油效果可概括为:纯气见效快,混注采出多,段塞交替不足取。

2.4.3 气驱建议

通过可视化实验可以看出,预生成的泡沫注入缝洞介质中后,由于气泡的尺度远小于介质,使得气泡间的相互作用较强。与多孔介质中单个气泡占据多个孔喉不同,缝洞介质中气泡间气体的扩散对泡沫稳定性的影响会大于多孔介质(图2-22~图2-25)。因此,构建缝洞油藏的起泡体系时需要重点考虑液膜对气体的透过性。此外,由于缝洞介质中难以生成泡沫,起泡体系需要更易生泡。最后,由于泡沫可以直接驱替原油,需要兼顾泡沫的耐油性能。

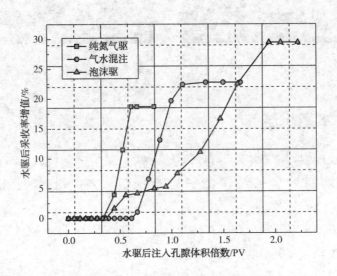

图2-22 水驱后不同接替方式采收率

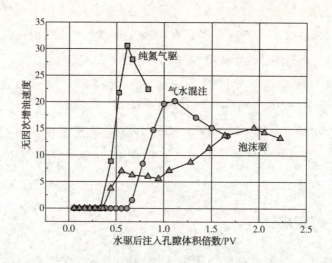

图 2-23 水驱后不同接替方式产油速度

图 2-24 泡沫进入"绕流油"区

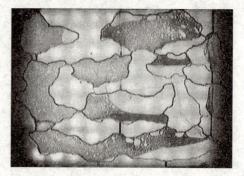

图 2-25 泡沫使"绕流油"大幅度降低

2.5 本章小结

通过板状模型物理模拟可得到以下结论：

（1）从提高采收率的角度分析，泡沫驱＞气水混注＞纯氮气驱＞大段塞气水交替＞小段塞气水交替。

（2）从采油速度的角度分析，纯氮气驱＞气水混注＞泡沫驱。

通过可视化物理模拟可得到以下结论：

（1）水、气体、泡沫在缝洞介质中流动特征可概括为：气往高处去，水往低处流，泡沫高低都能走。

（2）"阁楼油"是缝洞介质中水驱后剩余油的重要形式，其形成取决于缝洞结构。

（3）水驱后注气主要作用于高部位"阁楼油"，对低部位"阁楼油"不起作用。合适注气量对替油效果至关重要。

（4）水驱后注气可能出现"夹心油"——另一种形式的剩余油。

（5）水驱后注入泡沫，既可波及高部位"阁楼油"，又可波及低部位"阁楼油"；泡沫既可置换洞中"阁楼油"，又可在油水界面驱油。

第3章 表面活性剂-有机酸构建高表面扩张模量起泡体系

对于缝洞油藏而言，泡沫可以波及水、气等驱替介质无法波及的区域，通过提高波及系数，进而大幅提高缝洞型油藏的采收率。与多孔介质中的泡沫相比，缝洞介质中的泡沫主要存在三个区别：①与多孔介质中单个气泡可能会占据几个孔隙空间不同，缝洞介质中，气泡的尺寸远小于洞的尺寸，使得气泡间的相互作用更强，气泡间由于气体的扩散引起的泡沫熟化过程对泡沫稳定性的影响更大；②缝洞介质中泡沫更加难以生成，尤其是对于平滑缝洞介质，几乎没有生成泡沫的能力[88,89]；③缝洞介质中泡沫与原油间相互作用更强，泡沫需要有良好的耐油性能。

鉴于上述差别，针对缝洞介质构建起泡体系时，需要首先考虑降低液膜对气体的透过率以及泡沫是否易于生成。气体扩散是由不同大小气泡间的毛管力引起的，对于缝洞介质而言，需要泡沫更加均匀，且液膜对气体的透过率要低。Gibbs[90]发现，当表面扩张模量满足$E>\sigma/2$时，泡沫熟化的动力就会消失，即理论上，此时泡沫间的气体扩散作用会停止。Martinez、Blijdenstein、Maestro、Blijdenstein等[91-94]也证明了上述理论。综上所述，高表面扩张模量起泡体系满足缝洞油藏泡沫所需低气体透过率的要求。

体相剪切泡沫的研究中，通常使用活性剂与有机酸/醇[95-99]复配构建高表面扩张模量体系。但对于该类体系在苛刻条件(尤其是高盐含量)下的表面扩张流变性质研究较少。因此，本章中研究了高温高盐条件下表面活性剂-有机酸/醇体系的表面扩张流变性质。使用表面扩张流变仪考察了甜菜碱/阳离子表面活性剂与不同碳链长度的有机酸/醇复配构建高表面扩张模量起泡体系的可行性，为后续考察表面扩张流变性质对泡沫性能的影响奠定基础。

3.1 实验部分

3.1.1 实验仪器和药品

实验用到的主要仪器和药品见表 3-1 和表 3-2。

表 3-1 实验所用仪器

仪 器	型 号	生产厂家
动态表面张力仪	BP100	Kruss
表面扩张流变仪	DSA 100	Kruss
搅拌器	DP100	Waring

表 3-2 实验所用药品

名 称	代 号	纯 度	生产厂家
月桂酰胺丙基甜菜碱	LAB	35%	临沂绿森化工
月桂酰胺丙基羟磺基甜菜碱	LHSB	35%	临沂绿森化工
十二烷基羧基甜菜碱	BS-12	35%	临沂绿森化工
十二烷基磺丙基甜菜碱	DSB	35%	临沂绿森化工
十二烷基三甲基氯化铵	1231	分析纯	上海国药集团
氯化钠	NaCl	分析纯	上海国药集团
氯化钙	CaCl2	分析纯	上海国药集团
氯化镁	MgCl2	分析纯	上海国药集团
正辛酸	8-COOH	分析纯	上海国药集团
癸酸	10-COOH	分析纯	上海国药集团
十二酸	12-COOH	分析纯	上海国药集团
十四酸	14-COOH	分析纯	上海国药集团
十六酸	16-COOH	分析纯	上海国药集团
十八酸	18-COOH	分析纯	上海国药集团

塔河地层水离子组成见表 3-3。

表 3-3 塔河地层水离子组成

离子含量/(mg/L)							总矿化度/(mg/L)
Cl^-	HCO_3^-	CO_3^{2-}	Ca^{2+}	Mg^{2+}	Na^+		
137529.5	183.6	0	11272.5	1518.8	73298.4		223802.8

3.1.2 实验方法

1. 表面扩张流变性的测定

使用配备振荡滴模块的滴外形分析仪 Kruss DSA100 测定表面活性剂溶液的表面扩张流变性,仪器的结构示意图如图 3-1 所示。

表面扩张模量 E 和表面扩张黏度 η_d 的定义为:

$$E = d\gamma/d\ln A \tag{3-1}$$

$$\eta_d = d\gamma/(d\ln A/dt) \tag{3-2}$$

其中,E,η_d,γ 为表面张力单位,A 为表面面积单位,t 为时间单位。

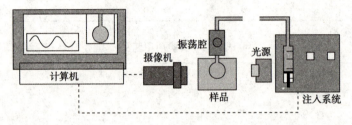

图 3-1 表面扩张流变仪结构示意图

由于表面膜同时具有弹性和黏性,因此,结合表面扩张弹性模量和表面扩张黏性模量,表面扩张模量 E 可以表征为:

$$E = E' + E''i \tag{3-3}$$

其中,E' 为表面扩张弹性模量,E'' 为表面扩张黏性模量。而 $E'' = w\eta_d$,w 为施加正弦振荡信号的频率。

实验中,先将表面活性剂溶液在超声波中振荡以除去溶液中的气体,然后使用注射器将溶液充满振荡腔及注入系统。恒温箱温度设定为实验温度后,通过注入系统打出一个大小适宜的液滴。液滴静置 20 min 后,通过振荡腔对液滴施加一个频率恒定且体积变化量恒定的正弦变化信号。施加振荡信号 20 min 后,通过仪器自带的摄像头记录液滴的表面积变化。根据面积形变量和该过程中的表面张力的变化情况计算体系的表面扩张流变性数据。本文中,弛豫时间被定义为表面张力变化同表面积变化的时间差值,数据中的"-"表示表面张力的变化晚于表面积的变化。需要说明的是,表面扩张流变性质受施加正弦振荡信号的频率影响[100]。目前,振荡信号的频率对表面扩张流变性的影响已开展了大量的研究,且表面扩张模量随频率的变化规律相同[101-104]。因此,本文固定施加正弦振荡信号的频率为 0.2 Hz。

2. 动态表面张力的测定

使用德国 Kruss 公司生产的 BP-100 动态表面张力仪测量溶液的动态表面张力。首先,配制约 100mL 一定浓度的活性剂溶液,向样品池中加入 50mL 待测溶液;使用循环水浴将待测液加热至实验温度;然后将毛细管浸没入待测液,通过测量通入气体过程中压力的变化,计算不同时刻的表面张力。

3. 静态泡沫稳定性表征

配制一定浓度的起泡剂溶液,使用量筒准确量取 100mL 起泡剂溶液并倒入搅拌杯中;25℃下,以 3000r/min 的速度搅拌 1min;将生成的泡沫倒入 1000mL 的量筒中,记录泡沫体积随时间的变化规律。

4. 气体透过率的测定

使用"气泡消失法(diminishing bubble)"测定气体透过率。25℃下,使用微量进样器在气液界面上制备出小气泡,使用显微镜记录气泡变小的过程,计算气体透过率。

3.2 蒸馏水中高表面扩张模量体系的构建

由于目标油藏高温高盐的特性,选择活性剂时考虑了耐温耐盐性能良好的甜菜碱类表面活性剂和阳离子表面活性剂。首先,构建蒸馏水中具有高表面扩张模量特性的起泡体系,然后分别考察高盐和高温条件对表面扩张模量的影响。

3.2.1 甜菜碱-有机酸体系表面扩张性质

为了构建具有高表面扩张模量的起泡体系,起泡剂选择了起泡性能良好的月桂酰胺丙基甜菜碱。考察了 25℃条件下,加入不同浓度、不同碳链长度有机酸时,LAB 与有机酸复配体系的表面扩张模量、扩张弹性模量、扩张黏性模量以及弛豫时间的变化。

随表面活性剂浓度升高,表面扩张模量先升高后降至平衡,而通常最高点会出现在临界胶束浓度附近[100]。因此,将表面活性剂浓度设定为远高于临界胶束浓度的 10g/L,此时测得的表面扩张模量可以看作溶液的平衡表面扩张模量。由于有机酸在水中溶解度有限,因此先按照一定的比例配制 LAB 与有机酸的母液,然后将母液按照 LAB 与有机酸的质量浓度比为 100:1、50:1、30:1、20:1、15:1 和 10:1 稀释,并测定不同体系的表面扩张流变性质,结果如图 3-2 至图 3-5 所示。

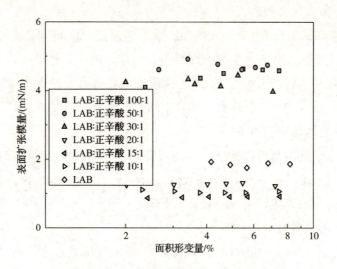

图 3-2　LAB-正辛酸表面扩张模量

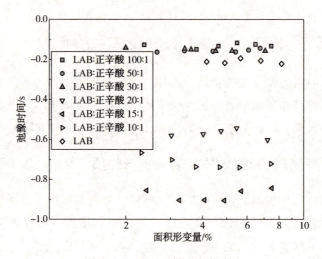

图 3-3　LAB-正辛酸弛豫时间

从图 3-2 至图 3-5 的结果中可以看出，加入不同浓度正辛酸对 LAB-正辛酸体系的表面扩张流变性质产生了不同的影响。当 LAB 与正辛酸的比例高于 30∶1 时，体系的表面弹性模量、黏性模量和扩张模量均保持不变，且体系的弛豫时间没有明显变化，即表面张力对形变面积的响应时间保持不变。这是由于加入的正辛酸分子会吸附到气液界面，降低了甜菜碱分子间的斥力，使得气液界面上表面活性剂分子排列更加紧密，进而降低体系的表面张力。但由于此时正辛酸浓度较低，尚无法起到改变体系表面扩张流变性质的作用。当对液滴施加正弦振荡信号时，体相中的正辛酸分子浓度较低，无法扩散到气液界面参与表面张力的恢复过程，因此体系的弛豫时间也没有发生变化。

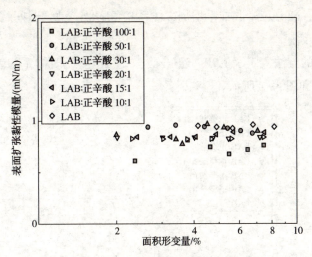

图 3-4　LAB-正辛酸表面扩张黏性模量

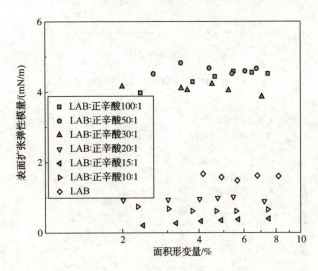

图 3-5　LAB-正辛酸表面扩张弹性模量

当加入的正辛酸浓度较高时(低于 30∶1)，体系的表面扩张模量和弹性模量则会明显下降。正辛酸不仅会吸附到气液界面，还有部分正辛酸分子在体相中参与胶束的形成。当对液滴施加扩张信号时，表面张力的增加引起体相中的活性剂吸附到界面上。此时，部分正辛酸分子会从体相中吸附到气液界面参与表面张力恢复平衡的过程。而由于正辛酸分子的参与，与只含有 LAB 分子的体系相比，表面张力对界面面积变化的响应时间发生了变化，即表现为弛豫时间增加。但该过程中，与只含有LAB分子的体系相比，消耗的能量并没有明显的变化，表现为体系的黏性模量无明显变化。而体系的弹性模量下降，因此表面扩张模量降低。综上所述，随着正辛酸加量增加，体系相角降低，弛豫时间增加，但是模量整体变化幅度较小。

使用同样的方法测定了LAB与正癸酸、十二酸复配时体系的表面扩张模量，结果如图3-6和图3-7所示。

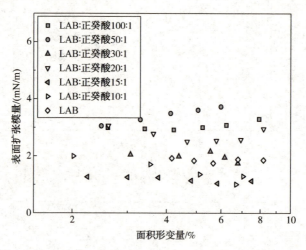

图3-6 蒸馏水中LAB-正癸酸表面扩张模量

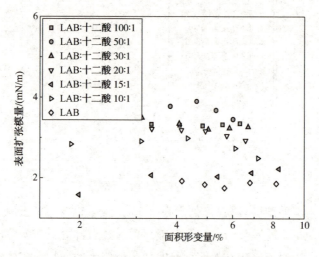

图3-7 蒸馏水中LAB-十二酸表面扩张模量

从图3-6和图3-7中可以看出，加入正癸酸和十二酸时，体系表面扩张流变性质的变化规律与加入正辛酸时基本相同。因此，短碳链（碳链长度为8~12）有机酸的加入对于 LAB-有机酸体系表面扩张流变性质的影响主要体现在以下两个方面：①高浓度短链有机酸增加了体系的弛豫时间；②气-液界面膜由以弹性为主的黏弹性膜转变为以黏性为主的黏弹性膜。

继续增大有机酸的碳链长度，图 3-8 为 LAB 与十四酸复配时的表面扩张模量结果。

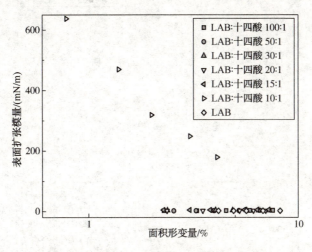

图 3-8　蒸馏水中 LAB-十四酸表面扩张模量

从图 3-8 的结果中可以看出，当十四酸浓度较低时，其对于 LAB-十四酸体系表面扩张流变性的影响与短链有机酸相同。然而，当 LAB 与有机酸的质量比为 10∶1 时，体系的表面扩张流变性发生了显著的变化，主要表现为以下几个方面：

(1) 表面扩张模量、弹性模量和黏性模量均明显增大。

(2) 表面黏性模量对于表面扩张模量的贡献大于弹性模量的贡献。

(3) 不同表面面积形变量下，表面弹性模量、表面黏性模量和表面扩张模量并非常数，而随表面面积形变量的减小而增大。

使用同样方法测定了不同浓度十六酸、十八酸与 LAB 复配时体系的表面扩张模量，结果如图 3-9 和图 3-10 所示。

从以上两图可以看出，上述两个体系表面扩张流变性质的变化规律与十四酸-LAB 体系的变化规律大致相同，仅存在以下几方面的差别：

(1) 加入不同链长有机酸时，体系获得高表面扩张模量所需的有机酸浓度不同。

(2) 各体系表面扩张模量数值有所差异。

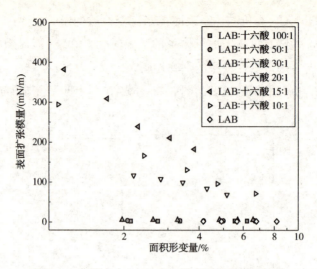

图 3-9 蒸馏水中 LAB-十六酸表面扩张模量结果

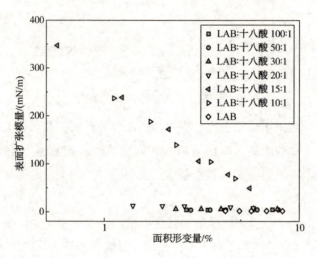

图 3-10 蒸馏水中 LAB-十八酸表面扩张模量结果

对比不同链长有机酸-LAB 体系的表面扩张模量数据可发现以下规律：

(1) 实验浓度范围内，加入的有机酸碳链长度低于 12 时，各有机酸浓度下，体系均无法获得高表面扩张模量。

(2) 当碳链长度大于等于 14 时，有机酸浓度低时，体系也无法获得高表面扩张模量，仅当有机酸达到一定的浓度时，体系才可以获得高表面扩张模量。

由于有机酸分子表面活性较高且在水中溶解度很低，因此加入长链有机酸浓度较高时，有机酸分子会吸附在气液界面并在气液界面紧密排布，如图 3-11 所示。

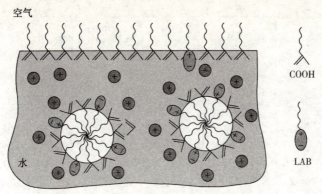

图 3-11 活性剂-有机酸排布示意图

当气液界面上长链有机酸浓度足够高时,在气液界面上可以形成一层致密相[105]。在一定的温度条件下,由于致密相的存在,气-液界面膜表现出高表面扩张模量。从图 3-8 至图 3-10 中不同面积形变量下对应的表面扩张模量可以看出,随着面积形变量的减小,表面扩张模量增大。这可能是由于高面积形变量下,吸附在气液界面的致密相结构被破坏,使得致密相中分子间的相互作用减弱,从而导致表面扩张模量随面积形变量的增大而降低。

使用相同的方法测定了 LAB 与碳链长度不同的有机醇复配时,体系的表面扩张流变性质。结果发现,蒸馏水中,加入有机醇与有机酸后的复配体系表面扩张流变性质变化规律相似。仅当有机醇的碳链长度大于 14 且浓度较高时,体系的表面扩张模量较大。

此外,考察了甜菜碱的种类对表面扩张流变性质的影响。测定了十二烷基二甲基羧基甜菜碱、十二烷基磺丙基甜菜碱、月桂酰胺丙基羟磺基甜菜碱与有机酸复配时,体系的表面扩张流变性质,结果如图 3-12 至图 3-14 所示。

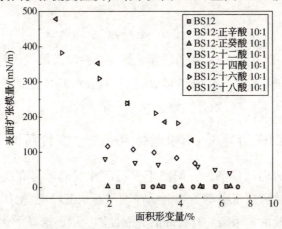

图 3-12 BS12-有机酸表面扩张模量

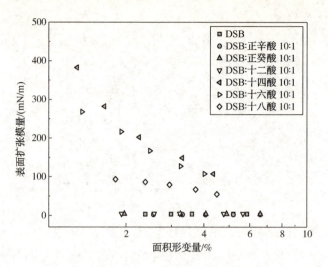

图 3-13　DSB-有机酸表面扩张模量

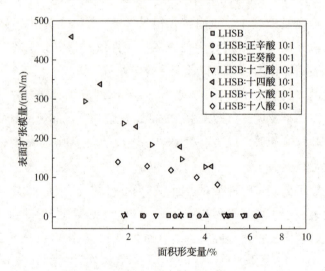

图 3-14　LHSB-有机酸表面扩张模量

综合甜菜碱-有机酸/醇体系的表面扩张流变性结果可以看出，蒸馏水中，甜菜碱类表面活性剂与碳链长度和浓度合适的有机酸/醇复配可以获得很高的表面扩张模量，而且气-液界面膜是以黏性为主的黏弹性膜。

3.2.2　阳离子活性剂-有机酸体系表面扩张性质

除甜菜碱类表面活性剂外，阳离子表面活性剂同样具有良好的耐温耐盐性能。使用相同方法考察了阳离子表面活性剂与有机酸/醇复配体系的表面扩张流变性质。由于构建的体系需要有良好的起泡性能，因此选择了碳链较短的十二烷基三甲基氯化铵。图 3-15 和图 3-16 分别是 25℃下，十二烷基三甲基氯化铵（浓度为 10g/L）与不同碳链长度的有机酸/有机醇以 10∶1 的浓度比复配时，体系的表面扩张模量结果。

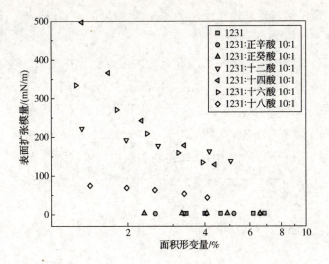

图 3-15　蒸馏水中 1231-有机酸复配表面扩张模量汇总

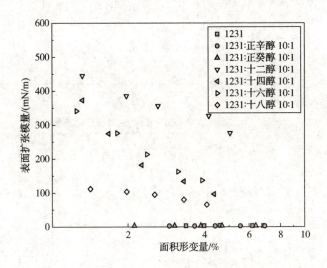

图 3-16　蒸馏水中 1231-有机醇复配表面扩张模量汇总

从图 3-15 和图 3-16 结果可以看出，与甜菜碱同有机酸/醇复配相似，当有机酸/醇浓度较高且碳链长度较长时，1231 与有机酸/醇的复配体系也可以获得高表面扩张模量。

3.3 塔河中高表面扩张模量体系的构建

通过上一节研究可以发现，仅当加入的有机酸达到一定浓度时，体系才会具备高表面扩张模量的特性。由于塔河油藏高盐的特性，因此研究了高盐含量条件下，表面活性剂与有机酸/醇复配体系的表面扩张流变性质。实验过程中发现，对于活性剂与有机醇的复配体系，当有机醇的浓度达到 0.5g/L（即与活性剂的质量比为 1∶20），体系在塔河水中无法保持澄清。而前两节的研究表明，只有当有机酸/醇达到一定浓度时，体系才会获得很高的表面扩张模量。因此，本节仅研究了活性剂与高浓度有机酸复配时体系的表面扩张流变性质。图 3-17 至图 3-22 是塔河水中 LAB 与有机酸复配体系表面扩张模量结果。

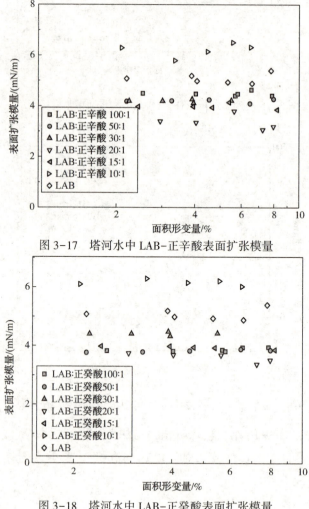

图 3-17　塔河水中 LAB-正辛酸表面扩张模量

图 3-18　塔河水中 LAB-正癸酸表面扩张模量

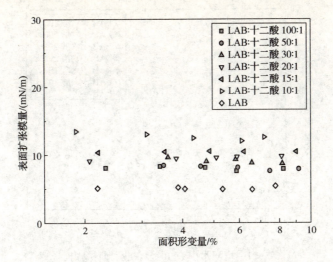

图 3-19　塔河水中 LAB-十二酸表面扩张模量

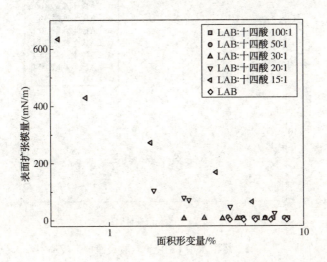

图 3-20　塔河水中 LAB-十四酸表面扩张模量

从图 3-17 至图 3-22 的结果中可以看出，对于 LAB-有机酸体系而言，有机酸碳链长度小于 12 时，体系在塔河水和蒸馏水中的表面扩张流变性质没有明显差异。而当碳链长度大于等于 14 时，两种介质中体系的表面扩张流变性质差异明显。

蒸馏水中，LAB 与十四酸复配质量比为 10∶1 时，体系才可获得高表面扩张模量；塔河水中，该比例下体系无法保持澄清、透明状态，而二者质量比为 15∶1 时，体系可获得高表面扩张模量；对于 LAB-十六酸复配体系而言，与蒸馏

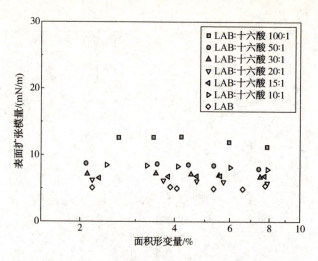

图 3-21 塔河水中 LAB-十六酸表面扩张模量

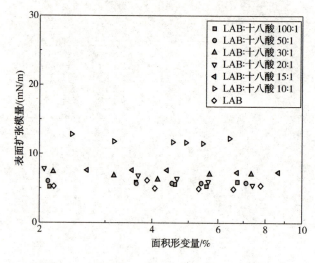

图 3-22 塔河水中 LAB-十八酸表面扩张模量

水中高浓度十六酸可使体系具有高表面扩张模量不同，塔河水中 LAB-十六酸复配体系表面扩张模量都很低；十八酸-LAB 体系与十六酸与 LAB 复配体系的规律相同。综合上述实验结果可以发现，无机盐的加入压缩了 LAB-有机酸体系获得高表面扩张模量时有机酸碳链长度的范围。

同样测定了 1231 与有机酸复配时体系在塔河水中的表面扩张模量，结果如图 3-23 所示。

从图 3-23 的结果中可以发现，1231 与高浓度不同碳链长度有机酸复配无法获得高表面扩张模量。对比 LAB-有机酸和 1231-有机酸在塔河水与蒸馏水中表面扩张流变性的差别可以发现：高浓度盐水改变了 LAB-有机酸体系获得高表面扩张模量的碳链长度和浓度，而 1231-有机酸体系则无法获得高表面扩张模量。

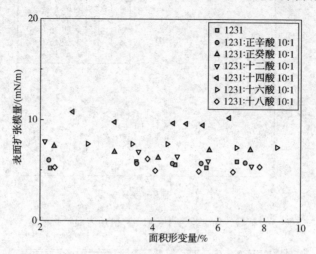

图 3-23　塔河水中 1231-有机酸复配体系表面扩张模量

3.4　盐浓度对表面扩张流变性的影响

上一节研究发现，盐浓度对表面活性剂-有机酸体系的表面扩张模量有重要影响。因此，考察了盐含量对表面扩张流变性的影响，并通过测定不同体系的动态表面张力并计算活性剂的扩散系数探究盐浓度影响表面扩张流变性质的机理。

选取 LAB-有机酸体系作为研究对象，对比研究盐浓度对表面扩张流变性的影响。塔河水中主要的阴、阳离子分别为氯离子和钠离子，因此，使用氯化钠研究无机盐对表面扩张流变性的影响。

3.4.1　氯化钠浓度对表面扩张流变性的影响

分别配制质量浓度为 1％、10％、20％和 26％的 NaCl 溶液，并使用上述溶液配制表面活性剂与有机酸的复配体系。实验中，表面活性剂溶液的浓度固定为 10g/L。之前研究表明，当有机酸碳链较短或有机酸浓度较低时，活性剂与有机酸构建的体系无法获得高表面扩张模量。因此，仅考察了表面活性剂与高浓度（表面活性剂与有机酸浓度比例低于 20∶1）长碳链（碳链长度大于 12）的有机酸复配时体系获得高表面扩张模量时的结果。图 3-24 至图 3-27 是不同浓度氯化钠溶液中 LAB-有机酸体系的表面扩张模量结果。

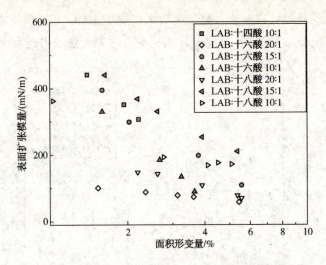

图 3-24　1%NaCl 溶液中 LAB-有机酸表面扩张模量

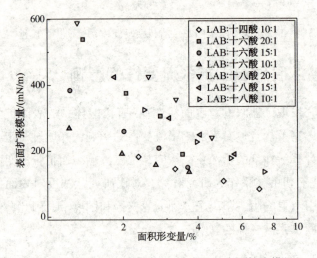

图 3-25　10%NaCl 溶液中 LAB-有机酸表面扩张模量

从图 3-24 至图 3-27 的结果可以发现，氯化钠浓度对 LAB-有机酸体系表面扩张模量产生了不同的影响。对于 LAB-十二酸体系而言，与蒸馏水和塔河水中体系表面扩张模量变化规律相同，不同氯化钠浓度下体系表面扩张模量始终未明显升高。对于 LAB-十四酸体系而言，氯化钠浓度对体系表面扩张模量的影响规律较为复杂。随氯化钠浓度升高，相同面积形变量下表面扩张模量先增加后降低。当氯化钠浓度为 20% 时，LAB 与十四酸比例为 15∶1 的体系可获得高表面扩张模量，且模量高于二者复配比例为 10∶1 时。当氯化钠浓度为 26% 时，LAB 与十四酸比例为 10∶1 的体系无法保持澄清透明，而此时二者比例为 15∶1 和 20∶1

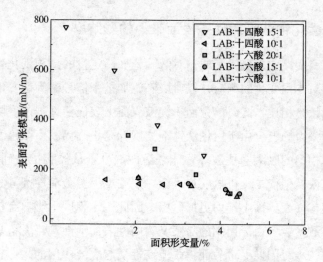

图 3-26 20%NaCl 溶液中 LAB-有机酸表面扩张模量

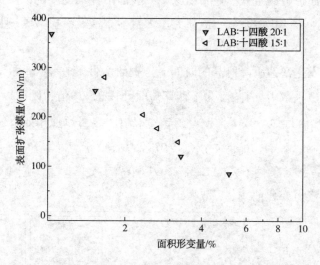

图 3-27 26%NaCl 溶液中 LAB-有机酸表面扩张模量

的体系均表现出高表面扩张模量的特点。对于 LAB-十六酸体系而言,当氯化钠浓度低于 20%时,体系可以获得高表面扩张模量,而当氯化钠浓度为 26%时,体系表面扩张模量大幅降低。对于 LAB-十八酸体系而言,当氯化钠浓度低于 10%时,体系可以获得高表面扩张模量,而当氯化钠浓度为 20%时,体系无法获得高表面扩张模量。从 LAB-有机酸体系的表面扩张流变性结果来看,随着盐浓度逐渐升高,LAB-长碳链有机酸体系无法获得高表面扩张模量,而 LAB-十四酸体系获得高表面扩张模量所需的十四酸浓度逐渐下降,即氯化钠压缩了 LAB-有机酸体系获得高表面扩张模量时有机酸碳链长度的范围。

3.4.2 氯化钠浓度对动态表面张力的影响

表面扩张流变性质的测量是通过对液滴施加一定量的体积变化，以计算该过程中表面张力对体积变化的响应。以对液滴施加扩张信号时为例，液滴表面面积增大，与平衡状态相比，此时单位面积气液界面上表面活性剂浓度降低，从而产生一定的表面张力梯度。由于所用活性剂浓度远高于临界胶束浓度，表面张力梯度作用下，体相中的胶束会被破坏，部分活性剂分子从体相扩散到气液界面上，使得表面张力恢复平衡。无机盐的加入会一定程度上屏蔽活性剂分子间的静电作用，从而使其在气液界面上排列更加紧密，因此一定程度上影响有机酸分子在气液界面的排布数量。但由于使用的甜菜碱为两性表面活性剂，无机盐对活性剂分子的屏蔽作用较小。因此，对表面扩张流变性质起主要作用的是体相中的活性剂分子向气液界面扩散的过程。通常情况下，表面活性剂的复配以及无机盐的加入会降低活性剂分子的扩散系数，故研究了无机盐浓度及有机酸碳链长度对动态表面张力的影响。

表面张力发生快速下降所需的时间 t_i 与表面活性剂在空气-水溶液界面的覆盖度其表观扩散系数 D_{ap} 有关。为了计算短时间内的 D_{ap} 值，既可以使用 Ward 和 Tordai 公式的短时近似公式 $\Gamma_t = 2(D_{ap}/\pi)^{1/2} C t^{1/2}$，也可以使用如下公式：

$$(\gamma_0 - \gamma_t)/C = 2RT(D_{ap}/\pi)^{1/2} t^{1/2} \tag{3-4}$$

图 3-28 是 25℃条件下，LAB-十二酸以 10∶1 复配时，不同氯化钠浓度下体系的动态表面张力变化曲线。

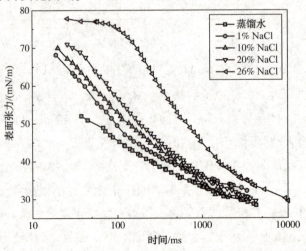

图 3-28　不同氯化钠浓度下 LAB-十二酸动态表面张力变化曲线

根据图 3-28 中的数据和式(3-4)计算得到 LAB-十二酸在蒸馏水、1%(质量分数)氯化钠溶液、10%(质量分数)氯化钠溶液、20%(质量分数)氯化钠溶液和 26%(质量分数)氯化钠溶液中的表观扩散系数分别为 1.256×10^{-6} cm²/s、1.137×10^{-6} cm²/s、0.542×10^{-6} cm²/s、0.463×10^{-6} cm²/s 和 0.182×10^{-6} cm²/s。

根据图 3-29 中的数据和式(3-4)计算得到 LAB-十四酸在蒸馏水、1%(质量分数)氯化钠溶液、10%(质量分数)氯化钠溶液和 20%(质量分数)氯化钠溶液中的表观扩散系数分别为 0.928×10^{-6} cm²/s、0.825×10^{-6} cm²/s、0.501×10^{-6} cm²/s 和 0.375×10^{-6} cm²/s。

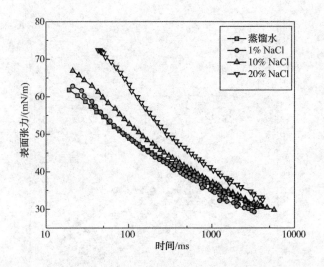

图 3-29　不同氯化钠浓度下 LAB-十四酸动态表面张力变化曲线

根据图 3-30 中的数据和式(2-4)计算得到 LAB-十六酸在蒸馏水、1%(质量分数)氯化钠溶液、10%(质量分数)氯化钠溶液、20%(质量分数)氯化钠溶液和 26%(质量分数)氯化钠溶液中的表观扩散系数分别为 0.736×10^{-6} cm²/s、0.611×10^{-6} cm²/s、0.326×10^{-6} cm²/s、0.241×10^{-6} cm²/s 和 0.097×10^{-6} cm²/s。

根据图 3-31 中的数据和式(2-4)计算得到 LAB-十八酸在蒸馏水、1%(质量分数)氯化钠溶液、10%(质量分数)氯化钠溶液、20%(质量分数)氯化钠溶液和 26%(质量分数)氯化钠溶液中的表观扩散系数分别为 0.619×10^{-6} cm²/s、0.542×10^{-6} cm²/s、0.284×10^{-6} cm²/s、0.155×10^{-6} cm²/s 和 0.082×10^{-6} cm²/s。

对比上述四个体系在不同浓度氯化钠溶液中的表观系数，结果如图 3-32 所示。

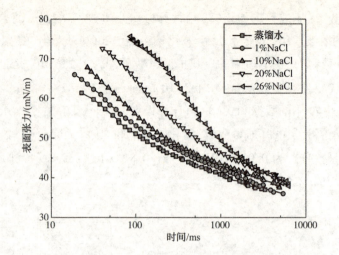

图 3-30　不同氯化钠浓度下 LAB-十六酸动态表面张力变化曲线

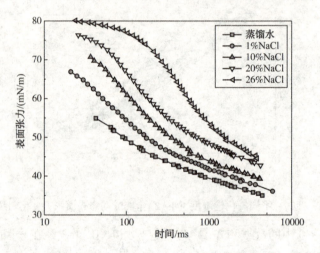

图 3-31　不同氯化钠浓度下 LAB-十八酸动态表面张力变化曲线

从图 3-32 的结果可以看出，对于有机酸碳链长度相同的 LAB-有机酸体系而言，随氯化钠浓度升高，表观扩散系数下降；而对相同氯化钠浓度的溶液而言，随有机酸碳链长度增加，表观扩散系数下降。之前的表面扩张模量结果发现，随着有机酸碳链长度的增加，LAB-有机酸体系无法获得高表面扩张模量的氯化钠浓度下降。而上述动态表面张力的结果表明，氯化钠浓度升高和有机酸的碳链长度的增加都降低了表面活性剂体系的表观扩散系数，这与表面扩张模量的结果相对应。因此，加入无机盐引起的表观扩散系数下降是导致体系无法获得高表面扩张模量的原因。

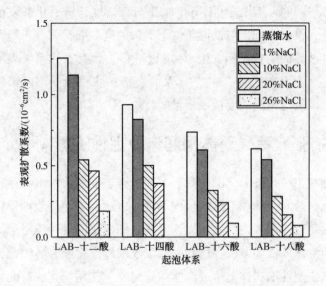

图 3-32 不同浓度盐水中 LAB-有机酸表观扩散系数汇总

3.5 温度对表面扩张流变性的影响

上述表面扩张模量测定实验均是在 25℃ 条件下进行的。由于塔河油田为高温油藏，因此考察了表面活性剂-有机酸体系在较高温度下的表面扩张流变性质。图 3-33 是 40℃ 蒸馏水中，LAB 与十八酸复配时的表面扩张模量（其余碳链长度下，与 LAB-十八酸体系规律相同，仅列出碳链长度最长的十八酸）。

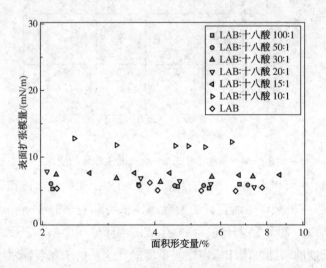

图 3-33 40℃下蒸馏水中 LAB-有机酸表面扩张模量

从图 3-33 中可以看出，40℃下，LAB 与高浓度长链有机酸复配体系的表面扩张模量较小，没有表现出与低温条件下类似的高表面扩张模量特性。温度较高时，吸附在气液界面的致密相发生了"熔化"[105]。因此，体系的表面扩张模量较低。综上所述，表面活性剂-有机酸体系的表面扩张模量受温度影响较大，仅在较低温度下可以表现出高表面扩张模量的特性。

3.6 扩张流变性对体相泡沫稳定性的影响

液膜厚度在 10~100nm 范围内时，表面扩张流变性质对泡沫稳定性有重要的影响。加入无机盐时，体相泡沫的液膜厚度可以达到牛顿黑膜的厚度。此时，泡沫的稳定性主要取决于楔裂压。所以，考察表面扩张流变性质对泡沫稳定性的影响时，需要使泡沫的液膜厚度在达到牛顿黑膜前即发生破裂。因此，研究了蒸馏水中不同扩张流变性泡沫体系生成泡沫的稳定性。使用搅拌法研究了低表面扩张模量体系 10g/L LAB-1g/L 正辛酸、10g/L LAB-1g/L 十二酸和高表面扩张模量体系 10g/L LAB-1g/L 十四酸、10g/L LAB-1g/L 十八酸在蒸馏水中的泡沫稳定性，结果如图 3-34 所示。

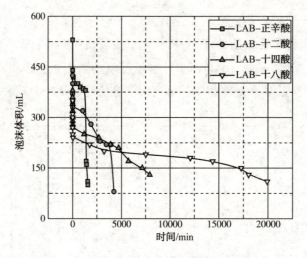

图 3-34 蒸馏水中 LAB-有机酸泡沫体积变化

从图 3-34 中可以看出，随着有机酸链长增加，初始泡沫体积逐渐下降。对于表面活性剂-有机酸体系而言，初始起泡体积与起泡剂的表面黏度有关。随着有机酸浓度增加，表面黏度升高，因此生成的泡沫体积变小。需要注意的是随着有机酸碳链长度的增加，泡沫稳定性明显增加。这是由于在蒸馏水中，液膜厚度难以达到"牛顿黑膜"的厚度，而液膜厚度在 10~100nm 范围内时，对泡沫稳定性起到主要作用的是 Marangoni 效应。因此，随着表面扩张弹性模量的增加，泡沫稳定性提高。使用"气泡消失法"测得上述四个体系的气体透过率分别为 62.3×10^{-5} m/s、48.7×10^{-5} m/s、7.2×10^{-5} m/s 和 6.1×10^{-5} m/s。随着表面扩张弹性模量的增加，气体透过率逐渐下降，降低了泡沫的熟化速度，增强了泡沫的稳定性。综上所述，高表面扩张模量有利于提高泡沫稳定性。

3.7 本章小结

（1）蒸馏水中，通过甜菜碱/阳离子表面活性剂与有机酸/醇复配可以构建出高表面扩张模量的起泡体系，其表面膜是以黏性为主的黏弹性膜，表面扩张模量随表面面积形变量的降低而升高。

（2）塔河水中，表面活性剂-有机酸体系获得高表面扩张模量的浓度范围较窄。不同盐浓度的表面扩张模量和动态表面张力结果表明：盐浓度降低了表面活性剂的表观扩散系数，减缓了表面活性剂对界面张力变化的响应，导致体系无法获得高表面扩张模量。

（3）高温下，有机酸分子在气-液界面形成的致密相"熔化"，使得表面活性剂-有机酸体系无法在获得高表面扩张模量。

（4）气体透过率随表面扩张模量升高而降低。

第4章 表面活性剂-纳米颗粒构建高扩张模量起泡体系

上一章研究中，通过表面活性剂与有机酸/醇复配构建出了低温下在蒸馏水和塔河水中都具有高表面扩张模量的体系。然而，上述体系表面膜上的"致密相"在高温下会熔化，使得该体系在高温条件下无法保持表面扩张模量。通过上述研究可以发现，构建某一温度下具有高表面扩张模量的起泡体系时，该体系的表面膜需要有不熔化的"致密相"。此外，由于起泡体系多在常温下配制，因此该体系在低温下需要具有良好的分散性。常规化学剂中，在高温时气液界面不会"熔化"，低温条件下很难在溶液中溶解或分散。而纳米溶胶低温下可以均匀地分散在水中，且高温下吸附在表面的纳米颗粒也不会"熔化"。目前，对于纳米颗粒稳定泡沫的研究较多。其中，由于纳米颗粒有一定的表面活性，部分研究中将纳米颗粒当作唯一的泡沫稳定剂[106-110]。多数研究中使用的纳米颗粒多为亲水，很难吸附到气-液界面上，一些学者[111-119]通过改变颗粒的润湿性使颗粒吸附到气-液界面。纳米颗粒稳定泡沫的最机理主要是[120]：纳米颗粒在气-液界面吸附形成有一定强度的吸附膜。但多数形成稳定泡沫的纳米分散体系并不是均一的，而且耐温耐盐性能较差。这些缺点严重限制了纳米颗粒稳定的泡沫在油田中的应用。

本章考察了使用纳米溶胶与表面活性复配构建耐温耐盐起泡体系的可行性。引入起泡体系的纳米颗粒需要有良好的亲水性，才能在水中长时间稳定分散。然而，亲水性较强的纳米颗粒很难吸附到气液界面上以达到强化气-液界面膜的效果。因此，需要起泡体系中的活性物质为纳米颗粒提供适当的疏水性，以使其吸附到气-液界面。由于表面带负电的颗粒很难在高浓度盐水中保持稳定，在颗粒的筛选中主要选择了表面呈正电性的颗粒。本章主要围绕纳米氧化铝溶胶和硅铝溶胶CL两种纳米颗粒溶胶构建高表面扩张模量起泡体系。

4.1 实验部分

4.1.1 实验仪器和药品

实验用到的主要仪器和药品见表 4-1 和表 4-2。

表 4-1 实验所用仪器

仪器	型号	生产厂家
表面扩张流变仪	DSA 100	Kruss
恒温箱	M146	Blue M
循环水浴	DC1030	上海越平
布鲁斯特角显微镜	Nanofilm-EP4 BAM	欧库睿因
Zeta 电位测量仪	90 Plus Pals	布鲁克海文

表 4-2 实验所用药品

名称	代号	纯度	生产厂家
硅铝溶胶	CL	30%	Grace
纳米氧化铝	Al_2O_3	30%	合肥翔正化学公司
月桂酰胺丙基甜菜碱	LAB	35%	临沂绿森化工
月桂酰胺丙基羟磺基甜菜碱	LHSB	35%	临沂绿森化工
十二烷基羧基甜菜碱	BS-12	35%	临沂绿森化工
十二烷基磺丙基甜菜碱	DSB	35%	临沂绿森化工
十二烷基三甲基氯化铵	1231	分析纯	上海国药集团
耐温耐盐起泡剂	KZF	30%	东营盛起化工
氯化钠	NaCl	分析纯	上海国药集团
氯化钙	$CaCl_2$	分析纯	上海国药集团
氯化镁	$MgCl_2$	分析纯	上海国药集团
正辛酸	8-COOH	分析纯	上海国药集团
癸酸	10-COOH	分析纯	上海国药集团
十二酸	12-COOH	分析纯	上海国药集团
十四酸	14-COOH	分析纯	上海国药集团
十六酸	16-COOH	分析纯	上海国药集团
十八酸	18-COOH	分析纯	上海国药集团

4.1.2 实验方法

1. 体系稳定性研究

配制一定浓度的表面活性剂-纳米颗粒分散体系,将该体系置于一定温度下老化30天,观察体系中是否有颗粒沉降或变浑浊等现象。

塔河地层水离子组成见表4-3。

表4-3 塔河地层水离子组成

离子含量/(mg/L)						总矿化度/(mg/L)
Cl^-	HCO_3^-	CO_3^{2-}	Ca^{2+}	Mg^{2+}	Na^+	
137529.5	183.6	0	11272.5	1518.8	73298.4	223802.8

2. 气-液界面膜的观察

将待观察液体加入Langmuir槽中,调整布鲁斯特角显微镜,使其以水-空气的布鲁斯特角照射待测气-液界面,观察气-液界面形貌。

3. Zeta电位测定

使用美国布鲁克海文公司的90Plus Pals Zeta电位仪测定纳米颗粒在不同分散介质中的Zeta电位。将纳米颗粒分散在不同介质中,在超声波振荡器中分散10min。将待测样品置于样品池后放入仪器的样品腔内。设定实验温度,待温度平衡后,根据动态光散射原理测定颗粒的Zeta电位。每次实验重复三次,取平均值。

4. 动态表面张力测定

使用DSA100滴外形分析仪制备液滴。然后使用仪器自带的摄像机记录液滴形状变化。最后使用仪器自带软件计算液滴表面张力变化规律。

5. 表面扩张流变性测定

表面扩张流变性质的测定方法与4.1.2中体系稳定性研究的方法相同。

6. 高温高压泡沫稳定性测定

使用高温高压泡沫仪测定起泡剂在120℃、2MPa压力下生成泡沫的体积及随时间的变化规律。首先向泡沫仪中加入50mL起泡剂溶液,然后将泡沫仪密封后开始加热加压。约6h后,以1000r/min的转速搅拌起泡剂溶液3min,记录起泡体积及泡沫体积随时间的变化规律。

4.2 活性剂-硅铝溶胶构建的高扩张模量体系

硅铝溶胶 CL 是通过取代硅溶胶表面的硅羟基制备而成的,其结构示意图如图4-1所示。该颗粒在水中呈正电性,有良好的耐盐性能,在高矿化度条件下,可长时间保持稳定,是一种有潜力的改变气-液界面膜扩张流变性质的颗粒。因此,本节主要研究了表面活性剂与硅铝溶胶 CL 复配体系的表面扩张流变性。

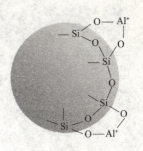

图 4-1 纳米颗粒 CL 结构示意图

4.2.1 LHSB-CL 体系稳定性研究

硅铝溶胶 CL 有很强的亲水性,在塔河水中很难吸附到气-液界面上。因此,需要加入活性物质吸附到 CL 颗粒表面以为其提供一定的疏水性,使得颗粒能够吸附到气-液界面上。首先,筛选了与 CL 复配的表面活性剂。结果发现,阳离子表面活性剂、阴离子表面活性剂及羧基甜菜碱与 CL 复配后,均无法保持澄清稳定。而仅有磺基甜菜碱 LHSB 和 DSB 与 CL 复配后能保持澄清稳定。因此,本节主要研究了 LHSB 与 CL 在不同比例下复配后体系的稳定性。

对于甜菜碱类表面活性剂 LHSB 而言,当 pH 值低于其等电点时,其表现出阳离子活性剂的性质;当高于等电点时,其表现出两性活性剂的性质。而对于硅铝溶胶 CL 而言,由于仅是部分硅羟基被取代,尽管 CL 颗粒表现出正电性,但可以将其看作是两性颗粒。因此,LHSB 在 CL 表面的吸附源于两方面的静电引力。一方面是 LHSB 上带负电的磺基与 CL 上带正电的铝-氧基团结合;另一方面是 LHSB 上带正电的氨基与 CL 上带负电的硅-氧基团结合。Binks 等人[122]的研究发现,随活性剂浓度升高,表面活性剂在颗粒表面的吸附量增大,而颗粒在气-液界面上的吸附则分为三个阶段。第一个阶段:当活性剂浓度较低时,仅有少量颗粒可以吸附在气-液界面上;第二个阶段:随着活性剂浓度升高,活性剂在颗粒表面的吸附量增加,达到单层饱和吸附时,吸附在气-液界面上的颗粒最多;第三个阶段:继续升高活性剂浓度时,由于活性剂在颗粒表面发生了双层吸附,使得颗粒表面表现为亲水,此时,多数颗粒分散在体相中,而仅有少数颗粒吸附在气液界面上。为了使更多的颗粒吸附在气-液界面以改变其扩张流变性质,需要调整表面活性剂与颗粒的比例,使其保持在第二阶段。因此,首先考察了

25℃下不同浓度盐水中，LHSB 和 CL 以不同浓度比复配时体系老化 30 天后的稳定性，实验中保持 LHSB 的浓度为 1g/L，溶液的 pH 值保持 4.5±0.05，结果见表 4-4。

表 4-4　25℃下不同比例 LHSB-CL 在不同浓度盐水中的稳定性

溶剂	0∶1	1∶20	1∶10	1∶5	1∶2	1∶1	2∶1
蒸馏水	√	√	√	√	√	×	×
1%NaCl	√	√	√	√	×	×	×
5%NaCl	√	√	√	×	×	×	×
10%NaCl	√	√	√	√	√	√	×
20%NaCl	√	√	√	√	√	×	×
25%NaCl	√	√	√	√	×	×	×
塔河水	√	√	√	√	√	×	×

从表 4-4 中可以看出，不同浓度的盐水中，不同比例的 LHSB-CL 体系稳定性不同。当 LHSB 与 CL 的比例高于 1∶1 时，各浓度盐水中，体系均会发生沉降；当 LHSB 与 CL 的比例低于 10∶1 时，各浓度盐水中，体系均可以保持稳定；而当 LHSB 与 CL 的比例介于 1∶1 和 10∶1 之间时，随矿化度的变化，体系的稳定性有所差异。当 HSB 与 CL 的比例为 1∶5 时，除 5%NaCl 溶液外，其他分散体系均可保持澄清稳定。这可能与氯化钠的加入压缩了扩散双电层，降低了颗粒表面的 Zeta 电位有关。图 4-2 是 CL 颗粒在不同浓度氯化钠溶液中的 Zeta 电位。

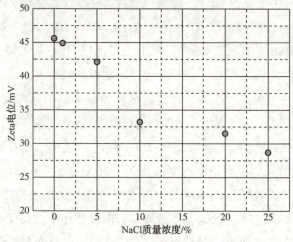

图 4-2　CL 在不同浓度盐水中的 Zeta 电位

从图 4-2 的结果可以看出，随着 CL 表面 Zeta 电位下降，LHSB 在 CL 表面的吸附量下降，这有利于分散体系的稳定性。然而另一方面，高盐浓度降低了 CL 在水中的分散能力。因此，LHSB-CL 体系的取决于上述两个对立的因素。当 LHSB 与 CL 的比例为 1:2，由于少量氯化钠(质量浓度为 1% 和 5% 时)的加入小幅降低了 CL 的 Zeta 电位。因此，LHSB 在 CL 颗粒表面的吸附没有明显的变化。但是 NaCl 的加入降低了 CL 在体系中的分散能力，使得体系在该盐浓度下无法保持稳定。随着氯化钠浓度进一步升高(质量浓度为 10% 和 20% 时)，Zeta 电位大幅降低，LHSB 在 CL 表面的吸附量降低，使得体系在该盐浓度下可以保持稳定。而当氯化钠浓度达到 25% 时，虽然 LHSB 在 CL 表面的吸附量下降，但高盐浓度下 CL 的分散能力变差，体系无法保持稳定。

上述研究表明，高浓度盐水中，20% NaCl 溶液或是塔河水，LHSB-CL 体系都可以在 30 天内保持稳定。然而放置 60 天后发现，1g/L LHSB+2g/L CL 在塔河水和 20% NaCl 的分散体系均出现了不同程度的沉淀。而使用 20% $CaCl_2$ 溶液时，60 天后分散体系仍然可以保持澄清透明。因此，考察了不同氯化钙浓度下，LHSB-CL 体系的稳定性。使用一定浓度的氯化钙溶液配制 3g/L 的 LHSB 和 3g/L 的 CL 分散体系，将二者的 pH 均调节至 4.5。然后将二者按照 1:2(LHSB:CL) 的浓度比向 CL 分散液中加入 LHSB 溶液。需要注意的是，配制 LHSB-CL 体系时，切忌将二者的浓溶液混合，然后加水稀释。分别使用质量浓度为 1%、5%、10% 和 20% 的氯化钙溶液配制 LHSB-CL 分散体系。其中 LHSB 的浓度为 1g/L，CL 的浓度为 2g/L。静置 48 h 后发现，仅当氯化钙的浓度为 20% 时，体系保持澄清，其他体系均在 48 h 内即发生沉降。纳米颗粒在体系中分散一个很重要的机理是静电斥力，加入无机盐会压缩扩散双电层，降低颗粒表面的 Zeta 电位，从而使颗粒发生沉降。然而实验中却发现高氯化钙条件下可以保持澄清稳定。之前的研究表明，在蒸馏水中，当加入较多的 LHSB 后，体系仍然会发生沉降。这是由于，虽然 CL 的 Zeta 电位为正值，但是表面仍存在未被取代的硅羟基。因此，LHSB 是以疏水基朝外的方式吸附在 CL 表面。由于疏水基伸入水中，虽然单独的 CL 在各个浓度的盐水中均可以保持稳定，但过量的 LHSB 或者无机盐的加入均可以使得 CL 从分散体系中沉降。因此，LHSB 的吸附导致了 CL 的沉降。当加入少量 Ca^{2+} 时，Ca^{2+} 不会吸附或者仅有少量吸附在 CL 表面，二者再次混合时，并不会影响 LHSB 在 CL 表面的吸附。因此，吸附有 LHSB 的 CL 会在无机盐的作用下，从溶液中沉降。然而，当加入大量的 Ca^{2+} 时，Ca^{2+} 吸附在 CL 的表面，从而增加颗粒表面的正电性，而且甜菜碱具有螯合 Ca^{2+} 的作用，所以此时 CL 与

LHSB 均表现为较强的正电性，这种情况下，LHSB 在 CL 表面的吸附量减少，LHSB-CL 的体系可以在高浓度的 $CaCl_2$ 溶液中保持稳定。

4.2.2 LHSB-CL 体系表面扩张流变性研究

对于常规表面活性剂而言，由于表面活性剂在气-液界面上排列不紧密，而且活性剂分子间相互作用较弱，因此很难获得高表面扩张模量。而纳米颗粒为活性剂分子在界面的吸附提供了位点，使其在界面上更加紧密的排列。因此，本节中考察了表面活性剂 LHSB 与纳米颗粒 CL 复配时体系的表面性质。

纳米颗粒自体相吸附到气液界面的过程中，可能需要克服一定的势垒，即需要额外做工。这对于泡沫的生成是不利的。因此，考察了 LHSB 与 CL 复配时，颗粒自体相吸附到界面过程中表面张力的变化。

使用塔河水配制了 1g/L LHSB-2g/L CL 溶液，首先测定了无外加正弦振荡信号时，液滴表面张力的变化情况。然后，重新制备一个液滴，通过振荡腔对其施加振幅为 0.1μL，频率为 0.2Hz 的正弦信号，记录该过程中液滴表面张力的变化情况。图 4-3 是两种情况下表面张力的变化情况。

从图 4-3 可以看出，施加正弦信号与否对 LHSB-CL 体系的动态表面张力变化规律几乎没有影响。对于该情况，可能是由于 LSHB 吸附在了 CL 表面，为其提供了一定的疏水性，使得颗粒吸附在气-液界面的过程是自发进行的；也可能是由于纳米颗粒均分散在体相中，而没有吸附到气液界面上。为了研究纳米颗粒是否吸附在了气-液界面上，使用布鲁斯特角显微镜观察了 LHSB 与 CL 按照不同比例复配时体系的气-液界面，结果如图 4-4 所示。

从图 4-4 可以看出，当 CL 浓度为 10g/L 而不加入 LHSB 时，气-液界面膜整体颜色较暗仅有极少数亮点；当 LHSB 浓度为 1g/L，CL 浓度为 10g/L 时，体系表面膜上出现了一层较为致密的吸附膜，但界面膜整体颜色较暗；当 LHSB 浓度为 1g/L，CL 浓度为 2g/L 时，气-液界面呈现出明亮的颜色。从布鲁斯特角显微镜的原理来看，当入射光以水-气的布鲁斯特角照射到气液界面上时，如果界面上没有其他物质吸附，那么观察到的光亮度低，视野暗淡；相反，如果气液界面上有大量的物质吸附，那么观察到的光则亮度高，视野明亮。结合图 3-4 的界面膜形态可以看出，不加入 LHSB 时，只有少数物质吸附在气-液界面上。这是由于使用的硅溶胶 CL 中含有少量活性剂，活性剂的吸附或活性剂引起的纳米颗粒在气-液界面的吸附导致了视野中会出现一定的亮点；当 LHSB 与 CL 按照 1∶10 的比例复配时，由于 CL 的浓度相对较高，使得 LHSB 在 CL 表面的吸附量较小，因此 CL 的疏水性不强，吸附在气-液界面的 CL 较少，表现为气-液界面膜整体亮度不高；而当 LHSB 与 CL 按照 1∶2 的比例复配时，LHSB 在 CL 表面的吸附量较大，为 CL 提供了足够的疏水性，大量 CL 吸附在气-液界面，表现为气-液界面膜整体亮度高。

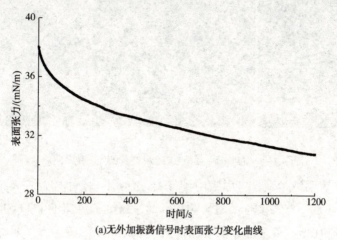

(a)无外加振荡信号时表面张力变化曲线

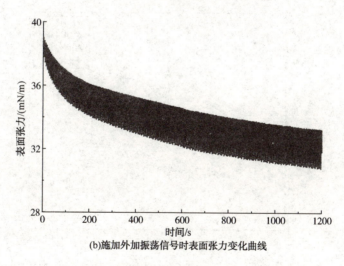

(b)施加外加振荡信号时表面张力变化曲线

图 4-3　不同条件下表面张力变化曲线

综合上述两种情况下动态表面张力的变化规律以及布鲁斯特角显微镜的结果可以发现，与文献中不加入活性剂或活性剂含量较低时，纳米颗粒在气-液界面的吸附需要克服一定的势垒不同，LHSB-CL 体系中的纳米颗粒由于吸附了足够多的表面活性剂分子，因此可以自发的吸附到气-液界面，而不需要振动等方式额外提供能量。

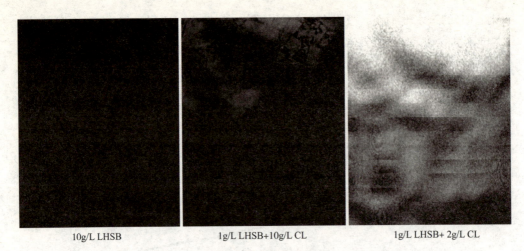

10g/L LHSB　　　　　1g/L LHSB+10g/L CL　　　　1g/L LHSB+ 2g/L CL

图 4-4　布鲁斯特角显微镜观察到的气-液界面

上述实验表明纳米颗粒可以吸附到气-液界面上，然而仍无法确定其是否对气-液界面的表面扩张流变性质有影响。因此，测定了蒸馏水中 LHSB-CL 以 1∶2 复配时不同 pH 值条件下体系的表面扩张模量，结果如图 4-5 所示。

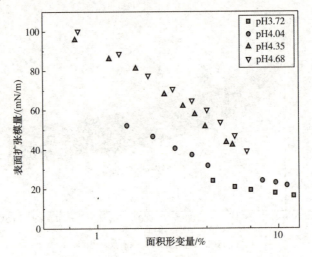

图 4-5　LHSB-CL 蒸馏水中不同 pH 下的表面扩张模量

从图 4-5 的结果中可以看出，当 pH 值在 4.03~4.68 范围内时，LHSB-CL 体系的表面扩张模量明显增大。所以，CL 在气-液界面的吸附改变了体系的表面扩张流变性质。进而测定了塔河水中 LHSB 与 CL 按照不同比例复配时体系的表面扩张模量，结果如图 4-6 所示，实验中 LHSB 的浓度保持为 1g/L。

从图 4-6 中可以看出，LHSB-CL 体系表面扩张流变性的变化规律与表面活性剂-有机酸体系的变化规律一致，即随着面积形变量的减小，表面扩张模量增大。所以据此推测,吸附层的活性剂分子间也存在与活性剂-有机酸体系类似的相互作用,且在表面扩张模量与面积形变量的关系曲线中,斜率越大表明相互作用越强烈。此外,随着 LHSB 与 CL 的比例升高,体系的表面扩张模量、弹性模量和黏性模量均增加。从布鲁斯特角显微镜的结果可以看出,随着 LHSB 与 CL 的比例升高,吸附在气液界面的 CL 增加,活性剂分子疏水链的相互作用增强,从而增加了体系的表面模量。与活性剂-有机酸体系不同的是,LHSB-CL 体系的表面膜是以弹性为主的黏弹性膜。这可能是由于大量纳米粒子吸附在气液界面上,与活性剂分子相比,纳米颗粒具有更大的体积。因此,限制了活性剂分子在气液界面上重排列等弛豫过程中的能量损耗,使得界面膜表现为黏性模量较小。

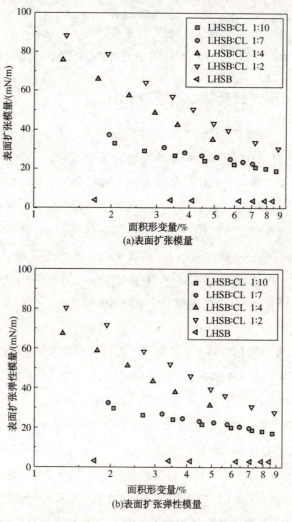

图 4-6 塔河水中 LHSB-CL 体系表面扩张流变性质汇总

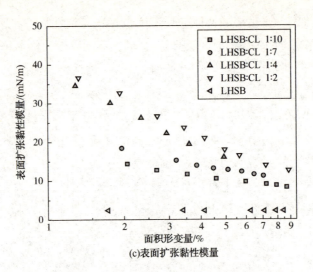

图 4-6 塔河水中 LHSB-CL 体系表面扩张流变性质汇总(续)

4.2.3 pH 值对表面扩张模量的影响

上述实验中，表面扩张流变性质均是在同一 pH 值条件下测得的。对于 LHSB-CL 体系而言，pH 值是影响体系性能的关键因素。一方面，在不同 pH 值条件下，两性表面活性剂 LHSB 会呈现阳离子性或两性；另一方面不同 pH 值条件下 CL 的 Zeta 电位不同。以上两点均会影响到 LHSB 在 CL 表面的吸附量，从而影响体系的表面扩张流变性质。因此，该部分研究了 pH 值对 1g/L LHSB-2g/L CL 体系的表面扩张流变性的影响。当 pH 值低于 3.5 或者高于 5.0 时，体系会发生沉降。因此，仅研究了塔河水中 pH 值在 3.6~4.8 范围内，体系表面扩张模量的变化规律。图 4-7 是 25℃塔河水中不同 pH 值条件下，1g/L LHSB-2g/L CL 的表面扩张模量。

从图 4-7 中可以看出，各个 pH 值下，表面扩张模量均随面积形变量的减小而增大。如前所述，低 pH 值条件下，LHSB 会表现为更强的正电性，而且更多的硅-氧键会被质子化。此时 LHSB 与 CL 间的相互吸引力减弱，导致 LHSB 在 CL 表面的吸附量降低，使得表面扩张模量下降。在低 pH 值条件下，LHSB 会以近乎直立的形式吸附在 CL 表面，与 Xiaoying Hu 等[123]研究中 DBS 在石英砂表面的吸附构象类似。此时，体系具有最强的疏水性，因此随着 pH 值降低，体系会发生沉降。与此对应，高 pH 值条件下，LHSB 和 CL 均会呈现更多的两性特征。此时，LHSB 在 CL 表面的吸附量增加，有利于体系获得更高的表面扩张模量。

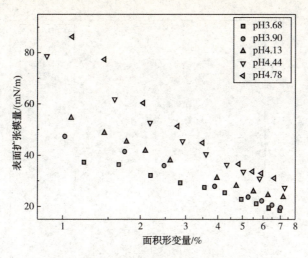

图4-7 25℃塔河水中 1g/L LHSB-2g/L CL 不同 pH 下表面扩张模量

4.2.4 弛豫时间变化规律

在表面扩张流变性的测定中，发现 LHSB-CL 体系的弛豫时间与常规表面活性剂变化规律不同。本文中，弛豫时间被定义为表面张力变化与表面面积变化间的时间差。测量结果中的"-"表示表面张力的变化滞后于表面面积的变化。图4-8是不同 pH 值下，1g/L LHSB-2g/L CL 和 10g/L LHSB 的塔河水溶液的弛豫时间。

从图4-8可以看出，对于 10g/L LHSB 而言，不同 pH 值条件下，体系的弛豫时间大致相同，且不随面积形变量的变化而变化；而对于 1g/L LHSB+2g/L CL 体系而言，特定 pH 值条件下，弛豫时间随着面积形变量的减小而增大(时间绝对值减小)。这表明，在较低的面积形变量下，体系的表面张力对面积变化有更快的响应。然而，无论活性剂浓度高低，通过体相中活性剂分子扩散来平衡面积变化这一过程需要大致相同的弛豫时间。因此，推断上述现象并不是由体相中活性剂分子的扩散引起的。除了体相中的表面活性剂分子外，还有大量表面活性剂分子吸附在纳米颗粒表面。当对液滴施加正弦信号时，表面张力梯度可能引起吸附在颗粒表面的表面活性剂解吸。由于纳米颗粒本身就吸附在气-液界面上，因此，解吸下的表面活性剂可以更快地扩散到表面张力增加的界面位置。这种情况下，与体相中表面活性剂扩散到气-液界面的情况相比，其具有明显的速度优势，所以弛豫时间的绝对值减小。

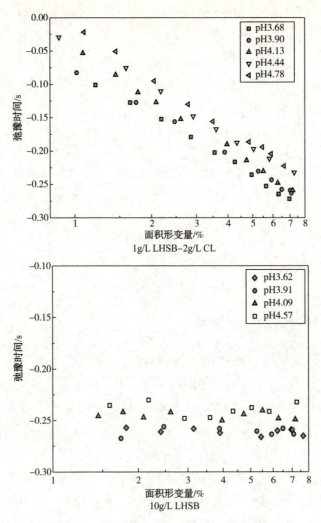

图 4-8 不同 pH 值下弛豫时间对比

对于弛豫时间随着面积形变量的变化而变化这一现象，这可能是由于不同吸附位点的表面活性剂对界面面积变化，在不同时间做出的响应而导致的。某一特定面积形变量下，只有部分吸附在纳米颗粒表面的表面活性剂分子可以对表面面积的变化产生响应，解吸能小的活性剂分子将首先吸附到气-液界面上。随面积形变量增加，这部分活性剂分子不足以平衡产生的表面张力梯度，因此就需要更多解吸能大的活性剂分子。面积形变量达到 7% 左右时，吸附在纳米颗粒表面的活性剂分子已经无法平衡产生的表面张力梯度。此时，需要部分体相中的活性剂分子扩散到气-液界面才足以平衡产生的表面张力梯度。所以，这种情况下弛豫时间与单独 LHSB 的弛豫时间相近。

4.2.5 温度对表面扩张模量的影响

通过以上几节的研究，使用纳米颗粒和表面活性剂复配构建出了25℃下具有高表面扩张模量的起泡体系。该节内容考察了温度对表面扩张模量的影响。实验中发现，当温度达到60℃时，静置10天后，体系中的纳米颗粒会发生沉降。因此，考察了25~55℃范围内1g/L LHSB-2g/L CL 的表面扩张模量，结果如图4-9所示。

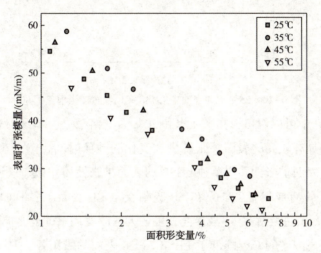

图4-9 塔河水中不同温度下 LHSB-CL 表面扩张模量

从图4-9中可以看出，各个温度下体系表面扩张模量变化规律类似。同一面积形变量下，随温度的升高，表面扩张模量先升高后降低，模量的最大值出现在35℃处。这是由于 LHSB 在 CL 表面的吸附是放热过程，随温度升高，吸附量降低。而另一方面，颗粒间的相互作用主要是活性剂疏水链间的相互作用，所以随温度升高，疏水力增大。综合以上两方面的影响，随着温度的升高，表面扩张模量先升高后降低。

4.2.6 无机盐类型对表面扩张流变性质的影响

本章中相态实验是以30天为时间节点，观察体系的稳定性。但将体系静置约3个月后发现，高浓度盐水中，体系稳定性差别很大。塔河水和20%NaCl 溶液中 LHSB-CL 体系发生了沉降，而20%$CaCl_2$ 中 LHSB-CL 体系仍然保持稳定。因此，该部分内容研究了无机盐类型对表面扩张流变性的影响。图4-10是25℃下，塔河水、20%NaCl 和20%$CaCl_2$ 溶液中 LHSB-CL 体系的表面扩张模量结果汇总。

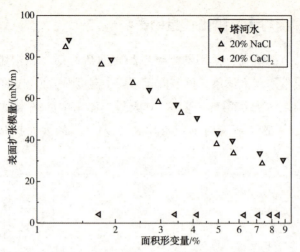

图 4-10　25℃不同介质中 LHSB-CL 表面扩张模量汇总

从图 4-10 中可以看出，在塔河水和 20%NaCl 溶液中，体系的表面扩张流变性质相近，均具有较高的表面扩张模量和变化的弛豫时间。然而在 20%$CaCl_2$ 溶液中，体系的表面扩张性质与单独 LHSB 的表面扩张性质相似。这说明，在 20% $CaCl_2$ 溶液中，没有或仅有少量的 LHSB 吸附在了 CL 表面。由于 CL 本身亲水性较强，所以 CL 无法吸附在气-液界面，也就无法改变体系的表面扩张流变性质。

为了验证高浓度的 Ca^{2+} 降低了 LHSB 在 CL 表面的吸附量，测定了不同介质中不同浓度 LHSB 在 CL 表面的吸附量。实验中保持 CL 浓度为 2g/L，而 LHSB 的浓度从 0.2g/L 到 1g/L 变化。不同介质中，LHSB 在 CL 表面的吸附量结果如图 4-11 所示。

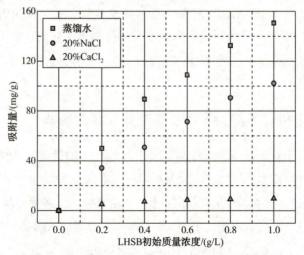

图 4-11　不同介质中 LHSB 在 CL 表面的吸附量

从图4-11中可以看出，蒸馏水中LHSB在CL表面的吸附量最大。不同浓度下，吸附量曲线几乎呈直线形式。这是由于LHSB的吸附尚未达到平衡（继续增大LHSB的浓度，LHSB的吸附将导致CL沉降）。20%NaCl中，变化规律大致相同。不同的是，由于无机盐压缩了扩散双电层，使得其吸附量减小。而对于20%$CaCl_2$，LHSB在CL表面的吸附量非常小。20%NaCl和20%$CaCl_2$中Cl^-浓度大致相同，因此可以推断是Ca^{2+}抑制了LHSB在CL表面的吸附。这解释了20%$CaCl_2$溶液中LHSB-CL体系表面扩张模量低的原因。

4.3 纳米氧化铝构建高表面扩张模量体系

上一部分内容中，表面活性剂LHSB与纳米颗粒CL构建的起泡体系在低于60℃时具有较高的表面扩张模量，而温度高于60℃时，体系会发生沉降。由于塔河油藏的高温特性，因此，该部分内容研究了使用纳米氧化铝颗粒构建高温条件下稳定且具有高表面扩张模量起泡体系的可行性。

4.3.1 体系稳定性研究

与硅铝溶胶CL相比，氧化铝颗粒表面没有显负电的基团。因此，高温高盐条件下，氧化铝颗粒具有更好的稳定性。考虑到油藏实际情况，本节中使用的氧化铝颗粒为酸性。与硅铝溶胶相似，氧化铝颗粒亲水性很强，无法自发吸附到气-液界面。因此，起泡体系中需要加入可以吸附在氧化铝颗粒表面的活性物质，为氧化铝颗粒提供一定的疏水性以使其吸附在气-液界面上。考虑到氧化铝颗粒的正电性，需要加入电负性的活性物质才可以吸附在氧化铝颗粒表面。此外，构建的体系除了需要使颗粒吸附到气-液界面外，还需要有良好的起泡能力。若加入电负性活性物质过多，则可能会导致氧化铝颗粒沉降。基于上述分析，提出了加入携带剂为纳米颗粒提供疏水性，再加入与氧化铝颗粒相互作用较弱的表面活性剂作为起泡剂的构建思路。由于氧化铝颗粒显正电，选择了加入有机酸作为携带剂为氧化铝颗粒提供疏水性。

实验中选择了两性表面活性剂DSB作为起泡剂。首先，考察了加入不同链长的有机酸时复配体系的稳定性。为了使颗粒吸附到气-液界面且保证体系的起泡性能，实验中DSB和氧化铝颗粒的浓度均为10g/L。25℃下，加入不同碳链长度和不同浓度的有机酸时，DSB-有机酸-氧化铝体系塔河水中稳定性结果见表4-5。

表 4-5 25℃塔河水中 LHSB-有机酸-氧化铝颗粒稳定性结果汇总

浓度/(g/L)	0	0.2	0.4	0.6	0.8	1.0
正辛酸	√	√	√	√	√	√
正癸酸	√	√	√	√	√	√
十二酸	√	√	√	√	√	√
十四酸	√	√	×	×	×	×
十六酸	√	√	×	×	×	×
十八酸	√	√	×	×	×	×

从表 4-5 可以看出，当加入的有机酸碳链长度较长，且加入浓度较高时，体系会发生沉降。而当碳链长度小于 12 时，在实验浓度范围内，体系均可以保持稳定(由于有机酸在没有考察更高浓度的有机酸)。这是由于有机酸是以亲水基朝向氧化铝颗粒，疏水链伸向水中的方式吸附在氧化铝表面的。当有机酸的碳链长度较长时，其在水中溶解性较差，因此随着有机酸碳链长度增加，有机酸在氧化铝颗粒表面的吸附量会增大。此外，随着碳链长度增加，吸附了有机酸的氧化铝疏水性大大提高。因此，当碳链长度达到 14 时，氧化铝颗粒会发生沉降。

4.3.2 表面扩张流变性质研究

有机酸吸附在氧化铝颗粒表面，为氧化铝颗粒提供了一定的疏水性。因此，随着加入有机酸浓度增加，吸附到气-液界面的颗粒会增加。为了研究氧化铝颗粒对体系表面扩张流变性质的影响，首先测定了有机酸加入量为 1g/L 时体系的表面扩张流变性质。此外，测定了不加入纳米氧化铝颗粒时体系的表面扩张模量，结果如图 4-12 所示。

从以上结果可以看出，当加入的有机酸为正辛酸或正癸酸时，与不加入纳米颗粒相比，加入氧化铝颗粒体系的表面扩张模量有所增加，且以弹性模量的增加为主，而黏性模量的增加不明显。这表明一定量的氧化铝颗粒吸附到了气-液界面上，并增加了体系的表面弹性模量。而当体系中加入的有机酸为十二酸时，体系的表面扩张模量明显增加。且随面积形变量减小，表面扩张模量增加。当面积形变量较小时，气-液界面膜的黏性模量很小，界面膜变为刚性膜。同时测定了体系的弛豫时间，结果如图 4-13 所示。

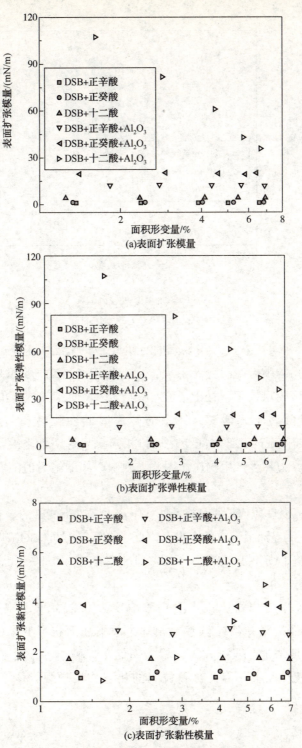

图 4-12　加入纳米氧化铝颗粒前后表面扩张流变性质对比

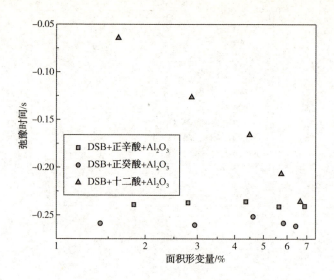

图 4-13 加入不同有机酸时
DSB-有机酸-Al_2O_3 的弛豫时间

从图 4-13 中可以看出，当加入的有机酸是正辛酸或正癸酸时，不同面积形变量下，体系的弛豫时间变化不大，加入的正辛酸或正癸酸吸附到气-液界面上，但由于吸附量较小，且正辛酸/正癸酸对表面张力梯度的影响较小；而当加入的有机酸为十二酸时，体系的弛豫时间变化规律与上一节中 1g/L LHSB-2g/L CL 体系的弛豫时间变化规律相同，吸附到氧化铝颗粒表面的十二酸可以对表面张力梯度产生响应。因此，弛豫时间的绝对值随面积形变量的减小而增大。

上述扩张流变性质均是在有机酸浓度恒定的条件下测得的。有机酸的浓度决定了吸附到气-液界面上颗粒的多少。因此，考察了有机酸的浓度对体系表面扩张流变性的影响。图 4-14 是加入不同浓度十二酸时，DSB-十二酸-氧化铝体系的表面扩张弹性模量。

从图 4-14 中可以看出，当十二酸浓度为 0.2g/L 时，各个面积形变量下，体系的表面扩张弹性模量基本相同，而不随面积形变量的变化而变化。随着十二酸浓度增加，吸附在氧化铝表面的十二酸增多，更多的氧化铝颗粒会吸附到气-液界面上。因此，颗粒间的相互作用增强，体系的表面扩张弹性模量增加。

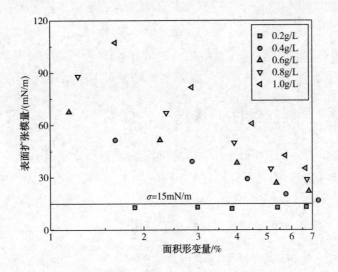

图 4-14　不同十二酸质量浓度下 DSB-十二酸-氧化铝体系表面扩张模量

4.3.3　温度对表面扩张流变性质的影响

上述实验中,表面扩张流变性质的测定均是在 25℃ 条件下测得的。本节中考察了不同温度下 DSB-十二酸-Al_2O_3 体系的表面扩张模量,结果如图 4-15 所示。

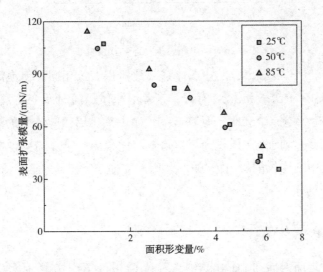

图 4-15　不同温度下 DSB-十二酸-Al_2O_3 体系表面扩张模量

从图 4-15 中可以看出，不同温度下，体系的表面扩张模量变化不大且表面扩张模量较高。需要说明的是，受仪器加热方式的限制，无法将液滴加热至更高的温度。体系在 120℃下老化 20 天后，仍可以保持澄清稳定，且表面扩张模量无明显变化。因此，构建的 DSB-十二酸-Al_2O_3 体系可用于高温高盐油藏。

4.4 高温高盐条件泡沫稳定性研究

针对构建的耐温耐盐高表面扩张模量起泡体系，测定了其高温高压条件下的起泡能力和泡沫稳定性。图 4-16 是使用 10g/L DSB-1g/L 十二酸-10g/L 氧化铝颗粒、10g/L DSB-1g/L 十二酸和 10g/L KZF（已在现场应用并取得了良好的效果）的塔河水溶液作为起泡剂时泡沫体积的变化规律。

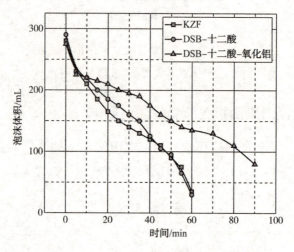

图 4-16 高温高压下泡沫体积变化曲线

从图 4-16 中可以看出，上述三体系起泡体积大致相同，但泡沫稳定性有所差异。对于 DSB-十二酸和 KZF 而言，二者泡沫体积随时间变化规律大致相同，30min 左右即达到泡沫半衰期。而 DSB-十二酸-氧化铝颗粒体系的泡沫稳定性明显优于二者，55min 时泡沫体积降至初始泡沫体积的一半。需要说明的是，出于安全考虑实验中泡沫仪的压力为 2MPa。因此，储层条件下（压力约为 40MPa）泡沫的稳定性会更好。

4.5 本章小结

（1）通过表面活性剂 LHSB 与纳米颗粒 CL 的复配，在塔河水中构建了高表面扩张模量的起泡体系，该体系在温度低于 60℃的条件下，均可保持高表面弹性模量；LHSB-CL 体系的表面弹性模量随表面面积形变量的减小而增大，弛豫时间随表面面积形变量的减小而减小。

（2）提出了起泡剂-携带剂-纳米颗粒构建高表面扩张模量起泡体系的思路。通过加入有机酸(携带剂)为纳米氧化铝颗粒提供疏水性，而另外加入起泡剂，构建了 DSB-十二酸-纳米氧化铝颗粒的起泡体系。该体系可在高温高盐条件下可保持高表面弹性模量的特性。其表面扩张模量及弛豫时间变化规律与 LHSB-CL 体系类似。

（3）与现场应用效果良好的 KZF 起泡剂相比，DSB-十二酸-氧化铝体系在高温高压条件下泡沫稳定性更好。

第 5 章 表面扩张流变性对泡沫流动影响研究

之前两个章节的研究中,通过表面活性剂与有机酸/醇或纳米颗粒复配,构建出了不同温度和不同矿化度条件下具有高表面扩张模量的起泡体系,并满足了适于缝洞油藏泡沫所需的低气体透过率的条件。目前,表面扩张流变性质对泡沫流动性能影响的研究主要集中在其对于体相剪切泡沫的影响,而对多孔介质中表面扩张流变性质对泡沫生成及流动规律的影响鲜有报道。

Haugen 等[124]用裂缝型石灰岩研究了预生泡沫和就地泡沫提高采收率的效果,结果表明,平滑裂缝几乎不就地生泡,因此不改变采收率,但预生泡沫可以大幅度提高采收率。Markus[125]研究了不均匀裂缝(跳棋状裂缝)和粗糙裂缝中泡沫的流动,结果表明,粗糙和跳棋裂缝充当了泡沫生成点,因此会细化泡沫。此外,粗糙裂缝中,液膜移动显示出黏滞和滑动现象,表现出比在平滑裂缝更大的流动阻力。Kovscek[126]在粗糙透明裂缝中开展了氮气泡沫的试验,结果表明,依据泡沫质量和组织,泡沫流可以降低气体流度 100~540 倍;相对于在裂缝中就地产生泡沫来说,将在砂岩中产生的泡沫注入裂缝可以产生更大的流度降低。

从之前的研究中可以看出,平滑裂缝几乎没有生成泡沫的能力,而粗糙裂缝中泡沫的生成机理与多孔介质中泡沫的生成机理相同。所以,使用多孔介质研究表面扩张流变性质对泡沫生成行为的影响是合理的。研究表面扩张模量对泡沫生成行为的影响前,需探明不同表面扩张模量起泡体系生成的泡沫在不同介质中的流动规律。针对构建的不同表面扩张模量起泡体系,本章研究了上述体系在不同介质中的泡沫流动规律。

5.1 实验部分

5.1.1 实验仪器和药品

实验中用到的主要仪器和药品见表 5-1 和表 5-2。

表 5-1 实验所用仪器

仪　器	型　号	生产厂家
综合驱替装置	BP100	海安石油科研仪器公司
显微镜	JN-301	江南显微镜厂
恒温箱	M146	海安石油科研仪器公司
表面张力仪	DSA100	德国克吕氏公司
循环水浴	DC1030	上海越平科学仪器公司

表 5-2 实验所用药品

名　称	代　号	纯　度	生产厂家
月桂酰胺丙基甜菜碱	LAB	35%	临沂绿森化工
月桂酰胺羟磺基甜菜碱	LHSB	35%	临沂绿森化工
硅溶胶	CL	30%	Sigma
铝溶胶	Al_2O_3	30%	合肥翔正化学公司
氯化钠	NaCl	分析纯	上海国药集团
氯化钙	$CaCl_2$	分析纯	上海国药集团
氯化镁	$MgCl_2$	分析纯	上海国药集团
十二酸	12-COOH	分析纯	上海国药集团
十四酸	14-COOH	分析纯	上海国药集团
十六酸	16-COOH	分析纯	上海国药集团
十八酸	18-COOH	分析纯	上海国药集团

5.1.2　实验方法

1. 泡沫在平滑毛细管中的流动

采用如图 5-1 所示的装置研究了泡沫在平滑毛细管中的流动规律。实验过程中同时注入氮气和起泡剂溶液，生成的气泡进入直径为 3mm 的平滑毛细管。测量单位长度上气泡的个数，并记录气泡流动过程中的压差。

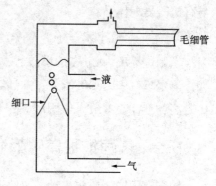

图 5-1　液膜数测定装置

2. 泡沫在裂缝中的流动实验

表面扩张模量对泡沫在缝洞介质中流动的影响研究主要采用填砂管驱替装置，驱替装置流程图如图 5-2 所示。

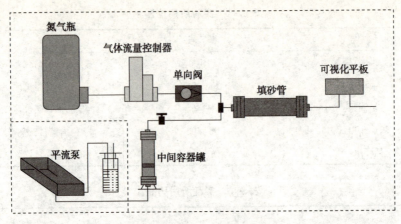

图 5-2 泡沫驱流程示意图

实验中使用 20~30 目的玻璃珠填制填砂管并测定水相渗透率约为 $70\mu m^2$。向填砂管中饱和起泡剂溶液。然后以气体 1mL/min，起泡剂溶液 0.5mL/min 的流量向填砂管中同时注入气液两相。实验过程中记录注入端与出口端的压差。待压差稳定后，在出口端连接一个厚度为 $20\mu m$ 的板状可视化模型。由于产出泡沫的直径大于 $20\mu m$，泡沫呈单层排列。使用相机记录产出泡沫的形态并计算气泡的直径。记录板状可视化模型两端及填砂管两端的压差。

25℃下，先注入 LAB 溶液，然后注入 LAB 与有机酸的复配体系。对于同一有机酸，先注入有机酸浓度较低的体系，实验结束后，再注入有机酸浓度较高的体系；注入不同的有机酸体系时，先使用蒸馏水冲洗填砂管，然后使用乙醇冲洗填砂管，最后再次使用蒸馏水清洗填砂管。上述清洗过程结束后再饱和新的 LAB 与有机酸复配体系。

3. 多孔介质中泡沫临界破裂气液比测定

填制渗透率为 $2\mu m^2$ 的填砂管，按照一定的气液比同时注入起泡剂溶液和氮气，测定填砂管两端的压差，并计算不同气液比条件下泡沫的相对黏度。随气液比升高，泡沫黏度最大值所对应的气液比即为临界破裂气液比。

5.2 表面扩张模量对泡沫在毛细管中流动的影响

泡沫在不同介质中流动的过程中会发生形变，而形变大小则会对泡沫的流动阻力产生贡献。首先研究了最为简单的介质-平滑毛细管中，不同表面扩张模量体系生成泡沫的流动规律。

测定了不同体系生成泡沫后，在平滑毛细管中的流动压差。选择 10g/L LAB

的蒸馏水溶液和10g/L LAB-1g/L十二酸的蒸馏水溶液作为低表面扩张模量起泡体系，10g/L LAB-1g/L十四酸和10g/L LAB-1g/L十六酸的蒸馏水溶液作为高表面扩张模量起泡体系。需要说明的是，图5-1的实验装置示意图中，仅当气液两相的流量恒定在一个合适的比例时，竖直管内的液面才能保持一定高度。调整气液比后发现，气体流量与液体流量的比例为8∶1时，液面可保持稳定。测定的气泡通过毛细管时的毛管数和压差，结果见表5-3。

表5-3 平滑毛细管中流动参数结果汇总

起泡体系	气体流量/(mL/min)	液体流量/(mL/min)	液膜数	长度/cm	压差/kPa
LAB	0.4	0.05	30	11.6	0.290~0.342
	0.8	0.1	30	10.1	0.34~0.39
	1	0.125	30	9.6	0.37~0.42
LAB+十二酸	0.4	0.05	30	6.8	0.196~0.287
	0.8	0.1	30	7.1	0.28~0.33
	1	0.125	30	7.4	0.33~0.39
LAB+十四酸	0.4	0.05	30	8.3	0.313~0.363
	0.8	0.1	30	8.5	0.352~0.394
	1	0.125	30	8.8	0.374~0.423
LAB+十六酸	0.4	0.05	30	10.6	0.28~0.32
	0.8	0.1	30	9.8	0.36~0.39
	1	0.125	30	9.6	0.36~0.40

从表5-3中可以看出，随流量增加，毛细管两端的压差升高，但是压差的增幅小于流量的增幅。这表明，在平滑毛细管中，泡沫仍然具有剪切稀释性。

对于同一起泡剂而言，随着流量增加，单位长度的液膜数变化规律不同。这是由于对于实验中采用的气泡生成方式而言，其取决于流量、某一时刻的表面张力以及表面扩张模量三个因素。其中，由于实验过程中注入流量较大，表面扩张模量的贡献较小。一方面，随着流量增大，生成气泡所用时间减小，生成气泡时所对应的表面张力较大。因此，生成的气泡可能会随流量的增大而增大，即相同液膜数对应的长度增大；另一方面，随着流量增大，如果生成气泡时所对应的表面张力变化不大，那么由于气体窜进较快，因此这种情况下生成的气泡尺寸减小，即相同液膜数对应的长度减小。

对比表面扩张模量低的 LAB 和 LAB-十二酸体系可以看出,虽然 LAB-十二酸的液膜数多,但平滑毛细管中气泡变形较小,而十二酸的加入降低了表面张力,因此 LAB-十二酸的压差要低于 LAB。而对比 LAB 和 LAB-十四酸的压差可以看出,虽然加入了有机酸降低了表面张力,但由于气泡流动过程中会发生变形,因此表面扩张模量对压差有一定的贡献。但对于平滑毛细管中气泡的流动,表面扩张模量的贡献较小。

5.3 表面扩张模量对泡沫在多孔介质中流动的影响

缝洞介质形态多样,难以通过物理模拟实验得到可以广泛应用的实验规律。然而,可将缝洞介质看作是一定数量的平滑裂缝与多孔介质的组合。其中多孔介质用于表征缝洞介质的粗糙壁面。因此,研究了不同表面扩张模量体系在多孔介质中的生成规律,以及生成的泡沫在平滑裂缝中的流动阻力。

5.3.1 表面活性剂-有机酸体系泡沫流动规律

通过第三章的研究发现,蒸馏水中 LAB 与有机酸复配可以构建出模量大小不同的体系。针对这些体系,研究了泡沫在多孔介质中的流动规律。由于 LAB 与碳链长度较短的有机酸无法构建出高表面扩张模量体系,仅选择了 LAB-十二酸体系作为低表面扩张模量起泡体系的代表。实验中,LAB 的浓度均为 10g/L。按照氮气 1mL/min、起泡剂溶液 0.5mL/min 的流量同时注入气液两相(后续实验证明,该气液比条件下,各个体系生成的泡沫均未达到临界破裂毛管力)。待填砂管两端压差稳定且产出的泡沫均匀后,将生成的泡沫注入裂缝模型中,表 5-4 是裂缝模型两端的平衡压差。

表 5-4 裂缝模型两端平衡压差汇总

起泡体系	比 例	压差/atm*
LAB		0.086
LAB+十二酸	10	0.085
	15	0.084
	20	0.0082
	30	0.087
	50	0.085
	100	0.082

续表

起泡体系	比例	压差/atm*
LAB+十四酸	10	0.185
	15	0.09
	20	0.079
	30	0.08
	50	0.079
	100	0.08
LAB+十六酸	10	0.175
	15	0.183
	20	0.124
	30	0.095
	50	0.079
	100	0.084
LAB+十八酸	10	0.152
	15	0.138
	20	0.083
	30	0.082
	50	0.086
	100	0.083

注：* 1atm=101325Pa。

从表 5-2 的结果中可以看出，与单独的 LAB 相比，加入十二酸体系生成的泡沫在裂缝中流动时，裂缝两端的压差无明显变化；而加入少量十四酸、十六酸和十八酸时，裂缝模型两端的压差变化不大；但当加入长链有机酸浓度较高时，裂缝模型两端的压差明显升高。而压差较高的体系与之前测得的高表面扩张模量体系相对应，即与低表面扩张模量体系生成的泡沫相比，高表面扩张模量体系生成的泡沫在裂缝模型中的流动阻力较大。

平滑裂缝中，泡沫流动过程中裂缝两端的压差可以借鉴 Hirasaki 和 Lawson[127]的公式来表达，其推导得出单个气泡的压差可以如式(5-1)表示：

$$\Delta P_{\text{dynamic}} = 2.26 \left(\frac{\sigma}{r_c}\right) \left(\frac{3\mu^{liq} U}{\sigma}\right)^{\frac{2}{3}} \left[\left(\frac{r_c}{R}\right)^2 + 1\right] \tag{5-1}$$

式中，U 是气泡的速度，σ 为起泡体系的表面张力，r_c 为气泡半径，R 是毛细管半径。借鉴上述公式，可以计算得到平滑裂缝中单个气泡的压差。由于平滑裂缝的半径 R 远大于气泡的半径 r_B。因此，$(r_c/R)^2$ 可以忽略。所以裂缝中单个气泡的压差可以如式(5-2)表示：

$$\Delta P_{\text{dynamic}} = 2.26 \left(\frac{\sigma}{r_B}\right) \left(\frac{3\mu^{liq}U}{\sigma}\right)^{\frac{2}{3}} \tag{5-2}$$

根据以上公式，并结合平面泊肃叶流动公式可以得到公式(5-3)：

$$\mu_{\text{app}}^{\text{shape}} = \frac{n_L \Delta p_{\text{dynamic}} b^2}{12U} = \frac{0.57\mu^{liq}(n_L b)\left(\frac{3\mu^{liq}U}{\sigma}\right)^{-1/3}}{r_c/b} \tag{5-3}$$

式中，$n_L = [3f_g b/(4\pi r_B^3)]^{1/2}$，其中 f_g 为气相分流量，r_B 为等效气泡半径。将上式代入式(5-3)中可以得到公式(5-4)：

$$\frac{\mu_{\text{app}}^{\text{shape}}}{\mu^{liq}} = 0.56 \left(\frac{3\mu^{liq}U}{\sigma}\right)^{-1/3} f_g^{\frac{1}{2}} \left(\frac{b}{r_B}\right)^{2/3} \tag{5-4}$$

从上式中可以看出，对同一裂缝模型而言，相同流速下，裂缝两端的压差仅取决于泡沫的大小和起泡剂溶液的表面张力，而其他参数对泡沫流经裂缝时，裂缝两端的压差无贡献。因此，测定了裂缝模型中气泡的大小和起泡剂溶液的表面张力。图5-3是裂缝模型中产出泡沫的形态。

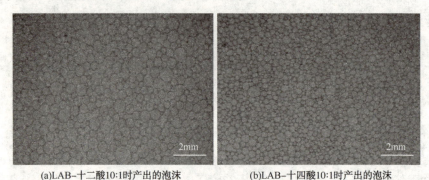

(a)LAB-十二酸10:1时产出的泡沫　　(b)LAB-十四酸10:1时产出的泡沫

图 5-3　不同体系产出泡沫形态对比

从图5-3的结果中可以看出，虽然制备的填砂管均质性较好，但产出泡沫并不是单分散体系，而是粒径分布在一定范围内。为了研究表面扩张模量对起泡体系生成泡沫粒径的影响，所以统计了不同表面扩张模量起泡体系生成泡沫的粒径。计算过程中，针对每个起泡体系选择200个气泡，使用软件测量图中气泡的直径。然后根据裂缝模型的厚度，按照气泡为球形，计算气泡直径。将计算得到的200个气泡直径，根据最大值和最小值的数值均匀分为20个区间，每个区间内 10 个气泡。以区间内气泡直径的算数平均值作为该区间气泡直径的代表。图 5-4 是 LAB 与不同碳链长度有机酸复配作为起泡体系时，生成泡沫直径分布图。

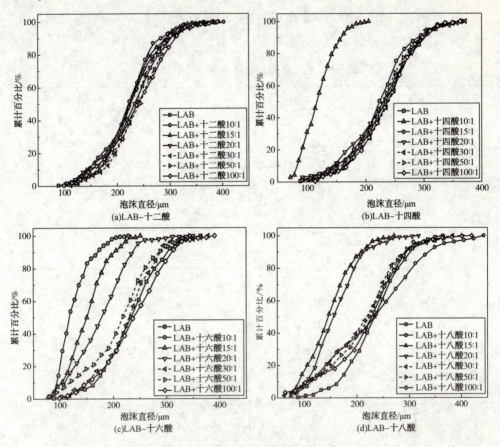

图 5-4 不同有机酸体系产出泡沫直径分布曲线

从图 5-4 可以看出，有机酸链长不同时，泡沫粒径分布规律不同。对于 LAB-十二酸体系，不同十二酸浓度下，产出泡沫的直径分布与单独 LAB 产出泡沫直径分布相似。而对于长链(碳链长度大于 12)有机酸-LAB 体系，有机酸浓度较低时，产出泡沫的直径与单独 LAB 体系相比没有变化；但当有机酸浓度较高时，产出的泡沫更加均匀，粒度分布变窄。对比各个体系产出泡沫的粒度与表面扩张流变性质结果可以发现，高表面扩张模量体系产出泡沫粒径分布较窄，而低表面扩张模量体系产出泡沫粒径与单独 LAB 相近。因此，高表面扩张模量可能是产出泡沫粒径更小且均匀的原因。自气泡在填砂管中生成至进入可视窗的过程共约 30 min，由于泡沫粒径较为均匀，气体扩散对粒度分布影响有限。而使用起泡剂浓度较高且气液比低，实验时间范围内泡沫可保持稳定。因此，可排除由气泡破裂引起上述现象的可能性。综上，起泡体系表面扩张流变性质的不同决定了产出泡沫粒度分布的差异。

为了考察不同模量起泡体系生成的泡沫是否符合式(5-4)的规律，统计了产出泡沫的粒径中值并测定起泡体系的表面张力，结果见表5-5。

表5-5 起泡体系表面张力和粒径中值汇总

起泡体系	比 例	表面张力/(mN/m)	直径 $d/\mu m$
LAB		30.04	233.72
LAB+十二酸	10∶1	23.93	230.46
	15∶1	24.52	237.52
	20∶1	25.9	238.57
	30∶1	26.97	223.09
	50∶1	27.87	237.01
	100∶1	28.85	245.01
LAB+十四酸	10∶1	23.4	120.9
	15∶1	25.76	223.07
	20∶1	26.2	235.6
	30∶1	27.18	236.54
	50∶1	28.02	245.05
	100∶1	28.57	248.24
LAB+十六酸	10∶1	23.41	140.55
	15∶1	24.2	130.23
	20∶1	25.56	183.25
	30∶1	27.28	218.78
	50∶1	28.76	252.35
	100∶1	29.23	238.29
LAB+十八酸	10∶1	23.89	147.32
	15∶1	24.84	157.62
	20∶1	25.43	223.86
	30∶1	27.19	231.62
	50∶1	28.32	233.02
	100∶1	28.67	236.37

从表 5-5 的结果可以看出，随有机酸浓度升高，LAB-有机酸体系表面张力降低。随着加入有机酸浓度升高，更多的有机酸分子吸附到气液界面并紧密排列，降低了体系的表面张力。而随着有机酸碳链长度增加，体系的表面张力先下降后升高，在碳链长度为 14 时，体系的表面张力最低。这表明，存在一个最佳碳链长度，其与表面活性剂协同作用最好，降低表面张力的能力最强。

由式(5-4)可以看出，平滑裂缝两端的压差与 $\sigma^{1/3}$ 成正比，而与气 $d^{1.5}$ 反比。故以 $\sigma^{1/3}/d^{1.5}$ 为横坐标，以裂缝两端的压差为纵坐标图，结果如图 5-5 所示。

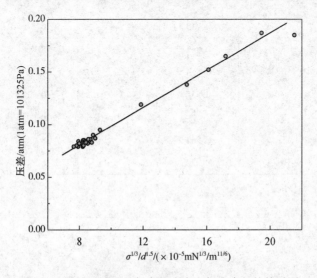

图 5-5　裂缝两端压差与表面张力和气泡直径的关系图

从图 5-5 可以看出，裂缝两端的压差与 $\sigma^{1/3}/d^{1.5}$ 表现出良好的线性相关性。因此，对于不同表面扩张模量体系生成泡沫而言，其在平滑裂缝中的流动阻力仍然符合式(5-4)。

此外，实验中测定了泡沫流经填砂管时的平衡压差，结果见表 5-6。

从表 5-6 可以看出，与裂缝两端的压差变化规律有所不同，对于填砂管两端的压差而言，随着加入的十二酸浓度逐渐升高，平衡压差逐渐下降。当加入长链（碳链长度大于 12）有机酸浓度较低时，平衡压差随有机酸浓度的升高而降低。这是由于有机酸的加入降低了体系的表面张力。但当长链有机酸的加入量较高时，平衡压差显著增大。与表面扩张模量数据对比发现：高表面扩张模量与高平衡压差存在良好的对应关系。对于泡沫在多孔介质中流动过程中的压差，假设其仅与表面张力和泡沫粒径有关，则填砂管两端的压差与 σ/d 应为线性相关，图 5-6 为 LAB-有机酸体系的平衡压差-σ/d 关系曲线。

表 5-6 填砂管两端平衡压差汇总

起泡体系	比例	压差/atm*	起泡体系	比例	压差/atm*
LAB		0.856			
LAB+十二酸	100∶1	0.843	LAB+十六酸	100∶1	0.855
	50∶1	0.831		50∶1	0.843
	30∶1	0.804		30∶1	0.837
	20∶1	0.776		20∶1	1.375
	15∶1	0.725		15∶1	1.733
	10∶1	0.713		10∶1	1.613
LAB+十四酸	100∶1	0.863	LAB+十八酸	100∶1	0.847
	50∶1	0.854		50∶1	0.839
	30∶1	0.832		30∶1	0.821
	20∶1	0.81		20∶1	0.806
	15∶1	0.802		15∶1	1.543
	10∶1	1.82		10∶1	1.589

注：*1atm=101325Pa。

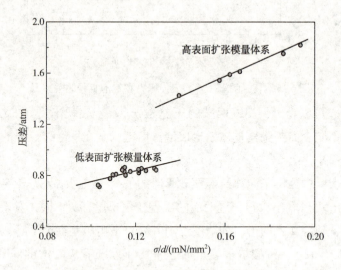

图 5-6 填砂管两端平衡压差-σ/d 关系图

从图 5-6 可以看出，图中各点分布在两条直线上。斜率较小的直线均为低表面扩张模量体系，而斜率较大的直线为高表面扩张模量体系。泡沫流经孔喉变形的过程中，部分能量在泡沫恢复变形后可以恢复，即弹性模量又叫作储能模量；而部分能量则无法恢复，即黏性模量又叫作耗能模量。对于剪切泡沫而言，黏滞

力 $\tau_{vs} \approx 9.8\pi(E_{LD}/\sigma)\Phi a_0^2$，其中 E_{LD} 即为黏性模量。即黏滞力的大小与黏性模量成正比。图 5-6 中，随黏性模量增加，填砂管两端压差增大。所以，除影响泡沫的粒度外，表面扩张黏性模量对压差也有贡献作用。

为了进一步验证表面扩张流变性质对泡沫流动的影响，对比了不同温度下 10g/L LAB 和 10g/L LAB-1g/L 十四酸的流动压差，结果如图 5-7 所示。

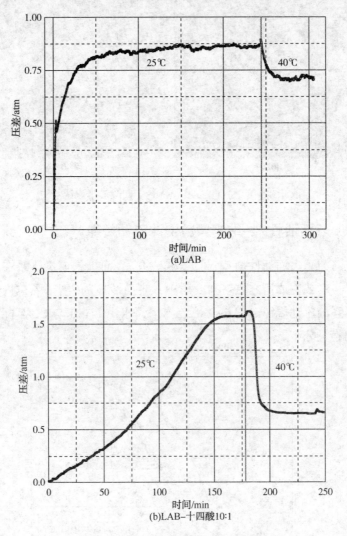

图 5-7 不同温度下填砂管中流动压力变化曲线

从图 5-7 中可以看出，对于 10g/L LAB，当温度从 25℃升高至 40℃时，填砂管两端的压差略有下降。这是由于随温度升高表面张力下降，导致填砂管两端的压差下降。压差下降幅度与表面张力下降幅度大致相同。而对于 LAB-十四酸，温度从 25℃升高至 40℃时，填砂管两侧的压差大幅下降，且 40℃下其平衡压差低于 LAB 泡沫的平衡压差。温度上升过程中除表面张力下降外，LAB-十四酸表面扩张模量大幅下降。失去高表面扩张模量的作用后，产出的泡沫粒径变大，LAB-十四酸产出的泡沫如图 5-8 所示。

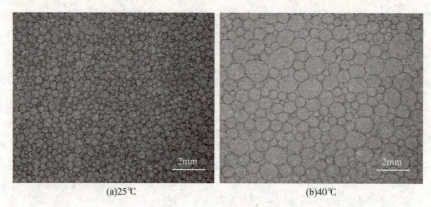

图 5-8　不同温度下 LAB-十四酸产出泡沫

5.3.2　表面活性剂-纳米颗粒泡沫流动规律

上一节研究了表面活性剂-有机酸构建的高表面扩张模量体系在多孔介质中的流动规律，本节主要研究在多孔介质中，表面活性剂-纳米颗粒构建的高表面扩张模量体系的流动规律。图 5-9 是 25℃塔河水中 LHSB 与 CL 复配在填砂管中生成气泡的直径分布。

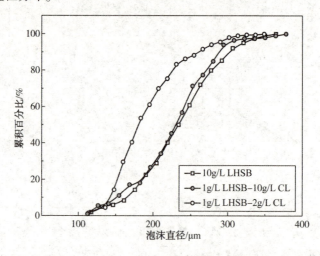

图 5-9　LHSB-CL 体系产出泡沫粒径分布

从图 5-9 中可以看出，对于低表面扩张模量的 10g/L LHSB 和 1g/L LHSB+10g/L CL，生成泡沫粒径相近；而表面扩张模量高的 1g/L LHSB+2g/L CL，产出泡沫直径中值低于上述两体系。这一规律与表面活性剂-有机酸体系相同，即高表面扩张模量体系生成泡沫直径中值更小。同样，对 DSB-有机酸-Al_2O_3 体系开展了上述实验，结果如图 5-10 所示。

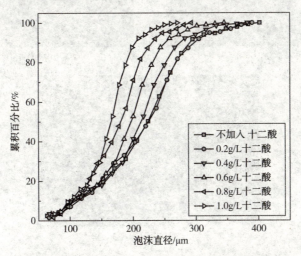

图 5-10　LHSB-有机酸-Al_2O_3 体系产出泡沫粒径分布

从图 5-10 可以看出，对 DSB-有机酸-Al_2O_3 构建的高表面扩张模量体系，表面扩张模量与产出泡沫的粒径分布也表现出了很好的相关性。因此，综合表面活性剂-有机酸和表面活性剂-纳米颗粒体系的表面扩张模量与产出泡沫粒径分布结果来看，随起泡体系表面扩张模量增大，产出泡沫的粒度变小，分布变窄。

5.4　扩张模量对临界破裂气液比的影响

泡沫在多孔介质中流动时，当泡沫质量较大(气液比高)时，毛管力的作用下，气泡会发生破裂，产出的泡沫中会出现粒径较大的气泡，图 5-11 为不同泡沫质量下，10g/L 的 LAB 溶液产出泡沫的形态。从图中可以看出，随着泡沫质量增加，产出泡沫中会有较大的气泡生成，而随着泡沫质量的进一步增大，生成大气泡的概率增大。发生气泡破裂时的毛管力为临界毛管力。本节考察了泡沫发生破裂时的泡沫质量，代为表征临界毛管力。选择了 10g/L LAB、1g/L LHSB-2g/L CL 和 10g/L LAB-1g/L 十四酸体系，分别作为低、中、高表面扩张模量体系的代表，研究了三个体系的临界破裂压力。图 5-12 是上述三个体系生成的泡沫在不同泡沫质量下的相对黏度。

(a)泡沫质量0.667

(b)泡沫质量0.714

(c)泡沫质量0.833

图 5-11　不同泡沫质量下 10g/L LAB 生成的泡沫形态

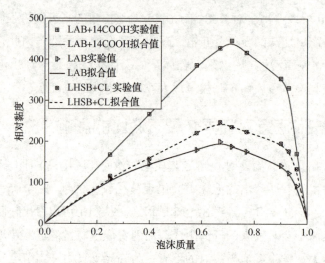

图 5-12　蒸馏水中不同泡沫质量下的相对黏度

从图 5-12 可以看出，由于高表面扩张模量会引起的泡沫断裂，生成了粒径更小的泡沫，所以，三个体系生成泡沫的相对黏度随表面扩张模量的增大而增大。LAB-十四酸、LAB 和 LHSB-CL 的临界破裂泡沫质量分别为 0.714、0.667

和 0.667，即三个体系的临界破裂泡沫质量大致相同，并没有随扩张模量的变化而有较为明显的变化。体相泡沫的研究中发现，表面活性剂的蒸馏水溶液很难生成牛顿黑膜，即难以获得高分离压。虽然目前没有直接证据证明分离压与多孔介质中泡沫的临界破裂压力有关，但是多数学者的研究结果发现，高分离压体系在多孔介质中通常具有很高的临界破裂压力。为了研究表面扩张模量和盐含量对临界破裂压力的影响，测定了塔河水中 LAB 和 LHSB-CL 的临界破裂泡沫质量，结果如图 5-13 所示。

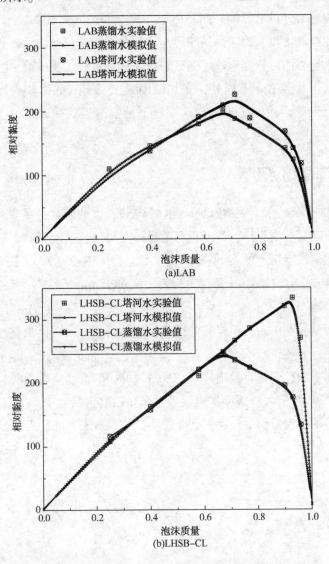

图 5-13　塔河水中不同泡沫质量下的相对黏度

对比塔河水和蒸馏水中 LAB 的临界破裂泡沫质量可以看出，塔河水中其临界泡沫质量要高于蒸馏水中的临界泡沫质量。无机盐的加入提高了 LAB 的表面扩张模量，从无机盐对 LAB 的影响来看，表面扩张模量的升高可能会增加临界破裂泡沫质量。而对比 LHSB-CL 在蒸馏水和塔河水中的临界泡沫质量可以发现，上述规律并不成立。无机盐的加入不但没有提高 LHSB-CL 体系的表面扩张模量，而且还使其略微下降。从图 5-13 可以看出，塔河水中 LHSB-CL 的临界泡沫质量明显高于蒸馏水中的临界泡沫质量。这表明，对于 LHSB-CL 而言，表面扩张模量对临界破裂压力并没有影响。而是由于无机盐的加入显著增加了 LHSB-CL 的分离压，因此，其可以获得较高的临界泡沫质量。泡沫是热力学不稳定体系，其在多孔介质中运移的过程是泡沫不断破裂再生成的过程。在破裂-生成的过程中，除了储层不同位置渗透率不同外，变化的因素主要有气液比和表面活性剂浓度（被地层水稀释）。通过测定不同泡沫质量下的泡沫表观黏度，一定程度上可以表征泡沫的再生能力。

5.5　本章小结

（1）泡沫在平滑毛细管的流动实验中，单位长度液膜数主要取决于动态表面张力。由于流动时形变量小，流动过程的压差受单位长度液膜数影响较小。表面扩张流变性质对流动压差的贡献较小。

（2）泡沫在多孔介质中的流动实验表明：对于表面活性剂-有机酸或表面活性剂-纳米颗粒构建的高模量体系，随表面扩张模量升高，产出泡沫的粒度分布变窄，压差增大；对于表面扩张黏性模量较大的体系，表面扩张黏性模量对压差有一定贡献。

（3）不同表面扩张模量起泡体系在平滑裂缝中的流动实验表明，裂缝两端的压差仅与 $\sigma^{1/3}$ 和 $d^{1.5}$ 有关，表面扩张模量对压差没有贡献。

（4）表面扩张模量与泡沫在多孔介质中的临界破裂气液比无明显关联。

第6章 扩张流变性对泡沫生成机理影响研究

上一章研究发现,高表面扩张模量起泡体系在多孔介质中可以生成粒径更小的泡沫。由于传统起泡剂溶液的表面扩张模量较低,因而忽视了表面扩张模量对泡沫生成行为的影响。而适于缝洞油藏使用的泡沫需要具有易于生泡的特点。因此,本章通过制备单连通孔喉模型和分叉模型,对表面扩张流变性影响泡沫生成行为的作用机制展开了研究。

6.1 实验部分

6.1.1 实验仪器和药品

实验中用到的主要仪器和药品见表6-1和表6-2。

表6-1 实验所用仪器

仪器	型号	生产厂家
综合驱替装置	HQY100	海安石油科研仪器公司
平流泵	LC-10	北京卫星平流泵厂
显微镜	JN-301	江南显微镜厂
恒温箱	M146	海安石油科研仪器公司
表面张力仪	DSA100	德国克吕氏公司
循环水浴	DC1030	上海越平科学仪器公司

表6-2 实验所用药品

名称	代号	纯度	生产厂家
月桂酰胺丙基甜菜碱	LAB	35%	临沂绿森化工
月桂酰胺羟磺基甜菜碱	LHSB	35%	临沂绿森化工

续表

名　称	代　号	纯　度	生产厂家
硅铝溶胶	CL	30%	Sigma
铝溶胶	Al_2O_3	30%	合肥翔正化学公司
十二酸	12-COOH	分析纯	上海国药集团
十四酸	14-COOH	分析纯	上海国药集团

6.1.2　实验方法

1. 单连通孔喉模型制备

为了研究泡沫在多孔介质中的流动状态及生成机理，使用波长为 620 nm 的激光雕刻机雕刻聚甲基丙烯酸甲酯(PMMA)板。针对多孔介质中大气泡的卡断，设计了单连通孔喉模型，模型结构如图 6-1 所示。

图 6-1 的模型中，模型左侧为注入端。共设计三个端口，其中上部注入口用于注入起泡剂溶液，中部为氮气注入口，下部为放空口，用于饱和起泡剂溶液时排出气体，实验过程中该端口保持关闭状态。图 6-1(a)模型中的圆形(孔隙)直径均为 9mm，而窄缝(喉道)的宽度每五个为一组，逐渐减小。即模型中孔隙均匀，但喉道大小不同。图 6-1(b)是图 6-1(a)模型的衍生。在图 6-1(a)模型中不同尺寸的喉道中间加入直径 30mm 的孔隙，以考察孔隙的非均质性对泡沫流动的影响。上述模型中，图案的深度均为 1mm。

实验过程中，在注入端以恒定的气、液流量同时注入氮气和起泡剂溶液。生成大小均匀的气泡后，气泡进入孔喉模型。使用录像机记录气泡通过孔喉过程中的变形和断裂情况。由于 PMMA 模型耐温性能差，所以实验温度保持 25℃。氮气流量恒定为 1mL/min，改变起泡剂溶液的流量以调节气液比。

2. 分叉模型制备

除卡断外，液膜分离是泡沫生成的另一个主要机理。设计了并联分叉模型考察表面扩张流变性质对液膜分离的影响，设计的并联分叉模型结构如图 6-2 所示。

实验过程中，左侧同时注入起泡剂溶液和氮气，观察气泡经过分叉口时是否会发生液膜分离现象。上述模型中，图案深度均为 1mm，实验过程中使用摄像机记录泡沫经过分叉口时的状态变化。

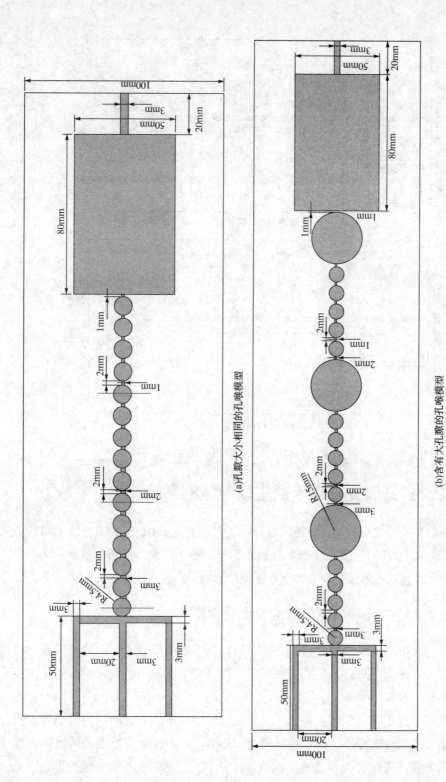

图 6-1　孔喉模型结构示意图

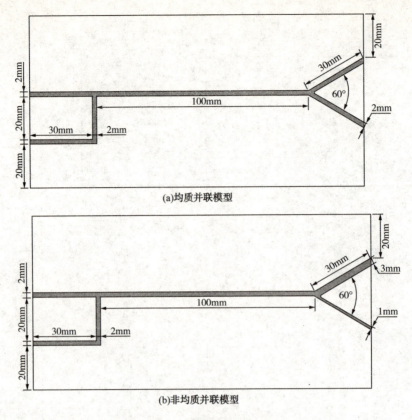

图 6-2 分叉模型结构示意图

6.2 扩张流变性对卡断生成泡沫的影响

卡断通常发生在气泡通过喉道的过程中。本节中使用 10g/L LAB、1g/L LHSB-2g/L CL 和 10g/L LAB-1g/L 十四酸分别作为低、中、高表面扩张模量起泡体系的代表。使用单连通孔喉模型研究表面扩张模量影响卡断生成泡沫的机制。

6.2.1 均匀孔隙模型中气泡流动规律研究

本文制作可视化模型所用材料为 PMMA，且模型喉道处上下两个可视面及两个侧面均为平滑面。因此，与真实储层或其他研究中所使用可视化模型相比，本文所用模型更难发生卡断[128-130]。

对不同表面扩张模量体系而言，气体流量恒定的条件下，随起泡剂溶液流量升高，生成气泡逐渐变小。而通过喉道时，LAB 与 LAB-十四酸生成的泡沫表现出了不同的流动规律。表 6-3 是不同液体流量下，上述体系生成气泡的形态。

表 6-3 均匀孔隙模型中不同流量下生成的泡沫

体 系 (气体流量 1mL/min)	液体流量/ (mL/min)	气泡形态
10g/L LAB	0.2	
	0.5	
	1	
	2	
	4	
10g/L LAB- 1g/L 14-COOH	0.2	
	0.5	
	1	

从表 6-3 中可以看出：对 LAB 而言，生成气泡至气泡在模型产出的过程中，气泡在喉道中只发生变形，而未发生气泡断裂(大气泡分裂成两个或多个气泡，而非气泡破裂)现象。对于 LAB-十四酸，生成的气泡在流经喉道时发生了断裂。当 LAB-十四酸溶液流量较低时，产出了部分粒径较小的气泡，但由于液体饱和度低，仍存在大量粒径较大的气泡。而随着起泡剂溶液流量的升高(气液比降低)，出现大气泡的概率逐渐下降。这表明，含水饱和度是影响气泡断裂的一个重要因素。实验过程中发现，对于 LAB-十四酸，气泡的断裂主要有两种原因：①气泡通过喉道时，单一气泡断裂；②气泡通过喉道时，多个气泡间的相互作用造成卡断。

通过上述实验可以发现，不同表面扩张模量起泡体系在单连通孔喉模型中生成泡沫的粒径分布规律与上一章填砂管中产出泡沫粒径的分布规律相同。由此可证明，制备的单连通孔喉模型可用于开展表面扩张模量影响泡沫生成行为的研究。

6.2.2 均匀孔隙模型中孤立气泡流动规律研究

上一节研究中，由于气泡间相互作用较为强烈，难以观察气泡断裂过程。因此，考察了孤立气泡在模型中的流动规律。实验中，在氮气和起泡剂溶液流量分别为 1mL/min 和 0.5mL/min 的条件下预先生成两个气泡。然后，停止注入氮气并将起泡剂溶液流量增至 1mL/min。记录该过程中气泡的变形和破裂情况。图 6-3 为 LAB 与 LAB-十四酸生成的孤立气泡通过孔喉时的状态。

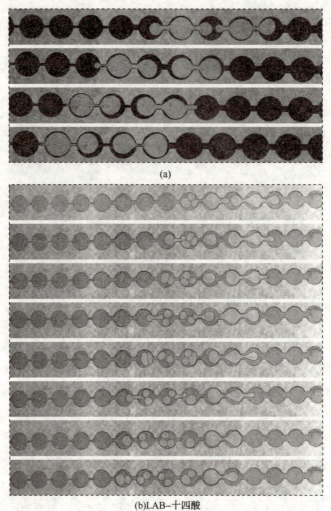

(b)LAB-十四酸

图 6-3 孤立气泡通过孔喉时的变化

从图 6-3 可以看出，LAB 和 LAB-十四酸泡沫在通过喉道的过程中，主要存在以下不同：

（1）对于 LAB，注入端生成气泡后，气泡在模型中流动的整个过程中，仅发生变形，而未发生由"卡断"或"夹断"引起的气泡断裂；对于 LAB-十四酸，生成的气泡在通过孔喉过程中多次发生了气泡断裂。因此，在模型出口端上述两体系生成气泡的粒径明显小于 LAB。

（2）注入氮气和起泡剂溶液时，卡断通常发生在气泡尾部，而几乎不会发生在气泡前端[131]。但对于 LHSB-CL 和 LAB-十四酸生成的孤立气泡，卡断通常发生在气泡前端。孤立气泡卡断实验中，生成气泡后，停止注气而只注入液体。相对于向前流动的液体而言，气泡具有向后的相对速度。因此，这种情况下，观察到的气泡断裂位置与气液同注时相反；

（3）气泡进入并通过喉道过程中，气泡会驱替出喉道中的溶液。由于气泡视黏度很高，因此，可以认为喉道中的自由水全部被驱替出。对于溶液中的气泡而言，在不受外力的情况下，气泡会以圆形（三维模型中以球形状态）存在。这是由于该状态下，相同体积的气泡具有最小的表面积，此时气泡表面能最低。当气泡受到外力作用发生变形后，在表面张力的作用下，气泡会恢复圆形状态。但由于表面张力梯度及对外力响应不同，变形过程中形态及后续恢复平衡状态（圆形）所需时间不同。

图 6-3(a) 是 LAB 形成的气泡在通过孔喉过程中的形态变化。在气泡通过喉道的过程中，气泡会发生变形。由于气-液界面膜受到外力作用，产生的表面张力梯度较小，而且弛豫时间较短，使得气泡可以很快恢复到平衡状态。所以喉道前后两侧的气泡均保持接近圆形的状态。这种情况下，由于喉道的四个壁面都是平滑的，液体很难进入喉道，没有足够高的含水饱和度，气泡无法发生断裂。

图 6-3(b) 是 LAB-十四酸形成的气泡通过孔喉过程中的形态变化。在气泡通过喉道发生形变时，气-液界面膜会产生很大的表面张力梯度，且由于弛豫时间较长，气泡会发生较为严重的变形，且需要较长时间才能恢复至平衡状态。该过程中，气泡通过喉道的部分进入孔隙，可恢复至平衡状态。而未通过喉道的气泡部分，尤其是靠近喉道的部分，由于此处流动面积小，液体具有更高的线速度，使得该位置处产生的形变最大。此时，气泡易于获得更大的长度（即三维模型中的表面积）。而气泡的这一行为，为活性剂溶液进入喉道创造了有利的条件。

通过以上分析，发现了表面扩张模量影响卡断生泡的作用机理。为了直接关联表面扩张模量与卡断过程中气泡形态变化，计算出气泡流经孔喉过程中气泡的面积和周长。选取气泡流经孔喉的典型时刻，将右侧气泡处理为白色（灰度值为255），孔喉结构及左侧气泡处理为灰色（灰度值为125），模型基质处理为黑色（灰度值为0），结果如图6-4和图6-5所示。

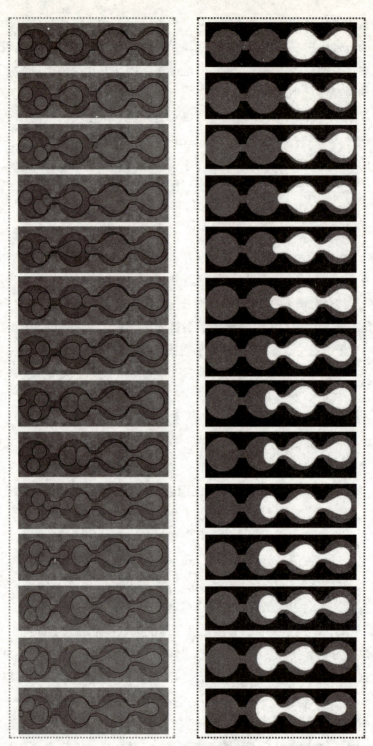

图 6-4 LAB-十四酸气泡流经孔喉时的变化

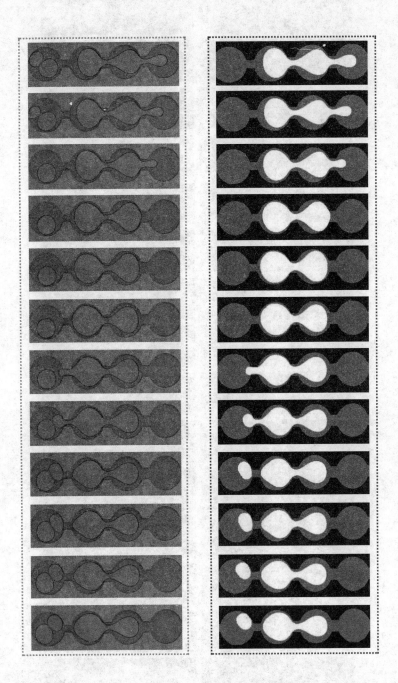

图 6-4 LAB-十四酸气泡流经孔喉时的变化(续)

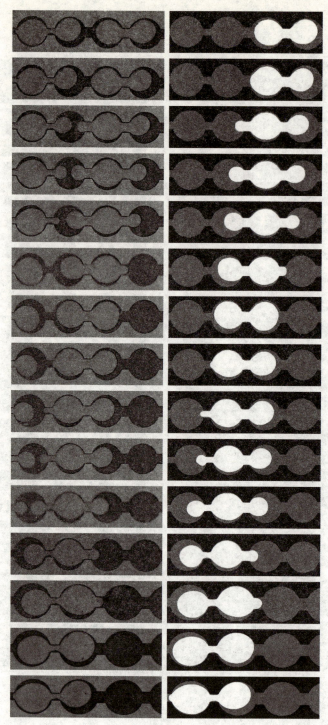

图 6-5　LAB 气泡流经孔喉时的变化

通过图 6-4 和图 6-5 计算得到气泡周长和面积(使用 matlab 编程计算得到,程序代码见附录),结果如图 6-6 所示。

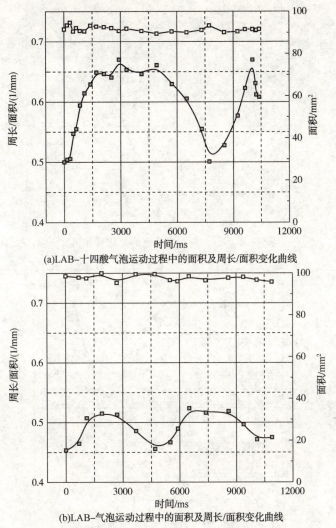

(a)LAB-十四酸气泡运动过程中的面积及周长/面积变化曲线

(b)LAB-气泡运动过程中的面积及周长/面积变化曲线

图 6-6 气泡运动过程中的面积及周长/面积变化曲线

从图 6-6 可以看出,两个气泡不同时刻的面积大致相同。这表明所用计算方法可行,结果可靠。图 6-7 是上述两体系生成气泡的周长与面积的比值随时间变化曲线。

从图 6-7 可以看出,虽然上述两体系生成的气泡大小相近,但 LAB 气泡略大于 LAB-十四酸气泡(LAB 气泡平均面积为 97.56mm^2,LAB-十四酸气泡平均面积为 91.57mm^2)。相同形状下,面积越大,周长与面积的比值越小。因此,将面积较大的 LAB 气泡周长/面积转换为与 LAB-十四酸面积相同时的比值(将周长与面积的比值除以系数 1.065，即两气泡的面积比值），结果如图 6-8 所示。

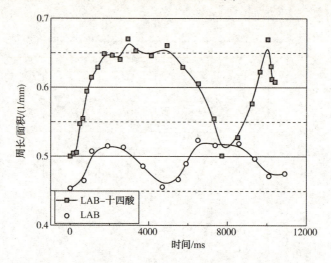

图 6-7 周长/面积实际比值变化规律对比

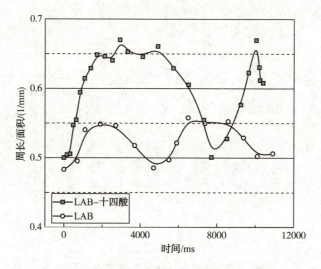

图 6-8 修正后的周长/面积比值变化曲线

从图 6-8 可以看出，气泡流经喉道时，周长/面积增大；而自喉道流出后，周长/面积降低。对 LAB 和 LAB-十四酸而言，经过宽度为 3mm 和 2mm 的喉道时，气泡周长/面积最小值相近，均为 $0.5mm^{-1}$ 左右。与孔隙相比，喉道面积和长度均较小，因此周长/面积主要取决于孔隙结构。稳定状态下气泡更倾向于以较小的周长（二维模型中是周长，三维模型则是表面积）存在。在喉道两侧的孔隙中，气泡以接近圆形的形态存在。因此，上述两个体系周长/面积最小值均为 $0.5mm^{-1}$ 左右。然而不同的是，气泡进入喉道和在喉道中流动的过程中，LAB-十四酸气泡的周长/面积明显高于 LAB 气泡。而且对于 LAB-十四酸气泡，只注入液体时，气泡后端流动缓慢。液体在喉道处流速高，气泡形变明显。此处气泡发生形变时，气泡更倾向于以细长的形态存在。上述现象与表面扩张流变性质的测定过程相似。

外力作用下，LAB-十四酸之所以能够表现出高表面扩张模量主要取决于两方面：一方面是体系有较大的表面张力梯度，另一方面是在相同的外界扰动下，面积形变量较小。测定 LAB 溶液的表面扩张模量时，外加信号作用下液滴形状与平衡状态时液滴的形态相似，如图 6-9 所示。这种形变方式下，面积形变量较大，导致表面扩张模量较小。而对 LAB-十四酸，在外加信号作用下，液滴以细长的形态存在，如图 6-10 所示。此时，液滴整体面积形变量较小，使得表面扩张模量较大。因此，表面扩张模量通过控制气泡变形时的形态影响了气泡的卡断。

图 6-9　表面扩张模量测定中 LAB 液滴形态变化

图 6-10　表面扩张模量测定中 LAB-十四酸液滴形态变化

同样对 10g/L LAB 和 1g/L LHSB-2g/L CL 生成的孤立气泡在孔喉模型中流动时的形变和断裂进行了对比。将上述两体系在模型中流动的图片转化为三色图，结果如图 6-11 所示。(图中窄喉道宽度为 1mm。)

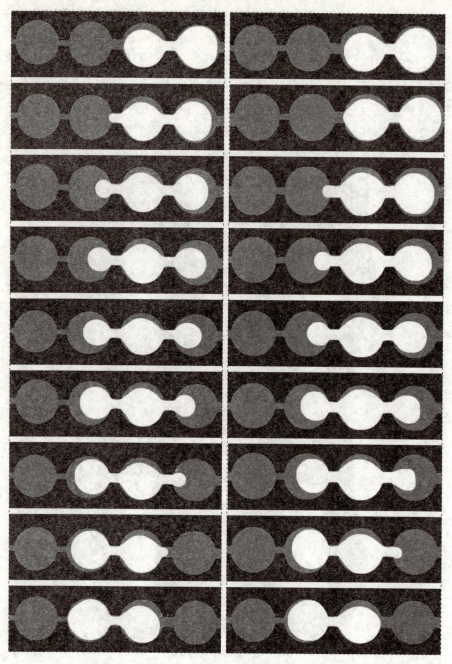

图 6-11　气泡通过喉道时的形态变化

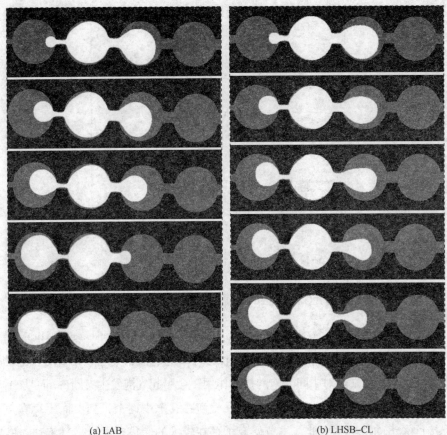

(a) LAB　　　　　　　　　　　　(b) LHSB-CL

图 6-11　气泡通过喉道时的形态变化(续)

从图 6-11 可以看出,对于 LAB 气泡,流经孔喉时只发生形变而未发生断裂。而对于 LHSB-CL 气泡,除发生形变外,气泡发生了断裂进而生成了小气泡。计算得到了上述两体系面积/周长,并对该比值进行了修正,结果如图 6-12 所示。

从图 6-12 中可以看出,对于上述两体系,气泡周长/面积随气泡经过孔喉发生周期性的变化。对 LHSB-CL,当气泡的周长/面积达到 0.63mm^{-1} 时(与图 6-11 中气泡断裂前最后一帧图像对应),液体在喉道中饱和度较高,为气泡的断裂创造了有利条件。

对比图 6-8 和图 6-12 结果可以发现,在流经相同喉道的过程中,表面扩张模量越高的体系越容易获得较大的周长/面积,使得液体越易进入喉道,且对应发生气泡断裂的时间越早,所需喉道宽度也就越宽。

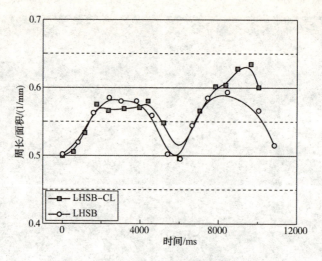

图 6-12　修正后的周长/面积比值变化曲线

6.2.3　大孔隙对泡沫流动的影响

除孔喉结构对气泡产生作用外，气泡间也存在相互作用。George J. Hirasaki 等人[132]的研究表明，当多个气泡并排进入喉道时，由于相邻气泡和孔壁对气泡的挤压作用，或是相邻气泡对中间气泡的挤压作用，会引起气泡发生夹断（pinch off）。

上述实验中，生成的气泡尺寸较大，气泡在孔隙中逐个排列，而不存在气泡平行接近喉道的情况。因此，本节研究了存在较大的储集空间时，气泡通过孔喉过程中的流动行为。由于高表面扩张模量起泡体系生成的泡沫在流经喉道时即可发生断裂，难以控制气泡粒径，不利于观察泡沫并行通过喉道时的形变规律。因此，该部分内容选择低表面扩张模量的 LAB 溶液作为起泡剂。

当气体流量为 1mL/min，液体流量为 0.2mL/min 时，生成的气泡在通过大孔隙时，仍保持逐个通过的模式，而没有并排气泡间的相互作用，结果如图 6-13 所示。当液体流量增加到 0.5mL/min 时，出现了气泡在喉道处平行排列的情况。当其中一个气泡进入喉道后，与其并行排列的气泡会对该气泡产生挤压作用，使得先进入喉道的气泡被夹断，如图 6-14 左侧所示。

图 6-13　气泡以单独通过的模式由大孔隙进入喉道

图 6-14　气泡以并排模式由大孔隙进入喉道

需要指出的是，并非所有并行通过喉道的气泡都会发生夹断。图 6-14 中喉道宽度为 3mm 和 2mm 时，未发生气泡-孔壁相互作用引起的夹断；而当喉道宽度为 1mm 时，则发生了由气泡-孔壁相互作用引起的夹断。因此，气泡的夹断与喉道宽度有关。相同条件下，喉道宽度越小，气泡越容易被夹断。这是由于相同气泡尺寸下，喉道宽度越小，气泡通过喉道的阻力越大，而且通过喉道所需的时间更长。然而，由于气、液两相的流量保持相同，当气泡通过喉道时，会受到后续流体(溶液或气泡)更强的剪切作用。

为了与卡断(snap off)现象区分，George J. Hirasaki 等[132]人将该现象定义为夹断(pinch off)，并将其认为是液膜分离(lamella division)的一种形式。实验中发现，当液体流量升高至 4mL/min 时，由于液体比例较高，此时气泡平行排列通过喉道的概率减小。因此，发生"气泡-孔壁作用"引起的夹断现象减少。而当尺寸同样大小的气泡以正对喉道的方向进入喉道时，气泡并不会发生断裂(卡断或夹断)，结果如图 6-15 所示。

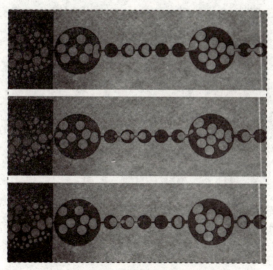

图 6-15　气泡正对喉道进入时的状态

但同样大小的气泡从喉道侧向进入喉道时，则会发生气泡的断裂，结果如图 6-16所示。

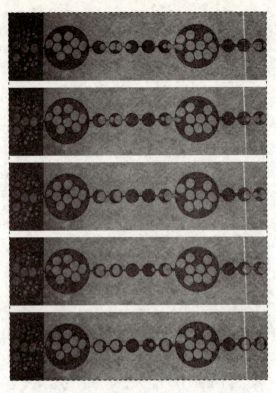

图 6-16 气泡从侧面进入喉道时的状态

气泡侧向进入喉道时,其在喉道难以保持对称的构型,这有利于起泡剂溶液进入喉道。起泡剂溶液进入喉道引起气泡断裂可以看为由"起泡剂溶液-孔壁"的夹断作用引起的,但该过程与经典的"卡断现象"更加接近。同样的,George J. Hirasaki 所述"pinch off"也是"卡断"的一种情况。当气泡相互靠近发生挤压变形时,气泡间的液体会被排出,部分液体会进入喉道,使喉道中的液体饱和度升高,从而引起气泡断裂。因此,气泡发生断裂的本质是液体饱和度升高导致的毛管力下降。所以,该类型的泡沫断裂归结为卡断更为合理。

对于高表面扩张模量体系 LAB-十四酸,孔喉结构即可引起气泡断裂生成小气泡。因此,对于高表面扩张模量体系,即使在孔隙较小的介质中,也可能发生由气泡间相互作用引起的气泡断裂。而对于低表面扩张模量体系而言,则需要更大的储集体为两个或多个气泡并列通过喉道创造条件。

6.2.4 气泡的均质性对气泡断裂的影响

上述实验中,对于 LAB 气泡而言,其在模型中流动的过程中,气泡大小均匀。而实际储层中，由于储层非均质性的影响，生成的气泡并不是大小均匀的。因此，考察了模型中存在不同粒径的气泡时，气泡在理想孔隙模型中的流动规律。

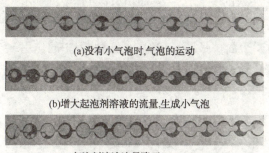

图6-17 小气泡对后续大气泡流动的影响

实验中按照气液流量分别为1mL/min和0.5mL/min同时注入氮气和10g/L的LAB溶液。与之前实验结果相同，当模型中没有粒径较小的气泡时，气泡通过孔喉时仅发生形变，而未发生断裂，如图6-17(a)所示。此时，将起泡剂溶液的注入速度增加至10mL/min。由于注入速度快，气泡通过喉道时发生剧烈碰撞生成了小气泡，如图6-17(b)所示。再将起泡剂溶液的注入速度降至0.5mL/min。观察模型中的小气泡对于后续产生的大气泡在模型中流动的影响，结果如图6-17(c)所示。从图中可以看出，部分小气泡被后续产生的大气泡驱出了模型，而仍有部分小气泡滞留在孔隙边缘。当孔隙中的小气泡较少时，大气泡在进入喉道过程中会发生不对称的形变，但不能引发卡断现象；当滞留在孔隙边缘的小气泡足够多时，大气泡通过喉道的过程中，后续的起泡剂溶液会进入孔隙。由于小气泡占据了一定的孔隙体积，且无法被驱出，故这部分体积可以看作死体积。这种情况下，后续液体具有更高的流速，且气泡进入喉道时结构更不对称。在气泡通过喉道的时间内，可以有更多液体进入喉道，降低喉道中的气体饱和度，使得发生卡断的概率大大增加。

小气泡对于后续大气泡在孔喉结构中的流动影响主要体现在两方面：一是小气泡占据部分孔隙体积，使液体线速度升高，增加了气泡发生卡断的概率；二是小气泡的存在使后续大气泡以更加不对称的形态进入喉道。该实验为泡沫的现场应用方法提供了启发：通过改变注入气、液的流量比以生成大小不同的气泡，为后续气泡发生卡断创造条件。

6.2.5 注入方式对气泡卡断的影响

上述实验均是通过同时注入氮气和起泡剂溶液在入口端预先生成泡沫，然后观察泡沫流经孔喉过程的变化。实际油田开发过程中，由于受现场施工条件限制，常使用气、液交替注入的方式生成泡沫。因此，本节对比研究了交替注入氮气和起泡剂溶液时，表面扩张模量在泡沫生成过程中的作用。

图 6-18 是交替注入氮气和 10g/L LAB 溶液时，多孔介质中泡沫的生成状况。

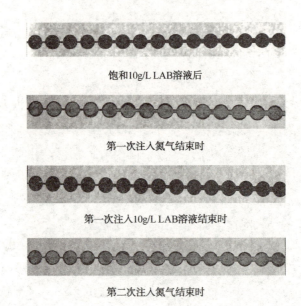

图 6-18 交替注入氮气-10g/L LAB 的气泡状态

从图 6-18 可以看出，两次交替注入氮气和 10g/L 的 LAB 溶液过程中，孔喉介质中始终没有气泡生成。对 10g/L LAB-1g/L 十四酸溶液也研究了气液交替注入时的泡沫生成行为，结果如图 6-19 所示。

从图 6-19 的结果中可以看出，向饱和有 LAB-十四酸溶液的模型中注入氮气时，气液分布变化与饱和 LAB 溶液时无明显差别，此时气、液两相均为连续相。而再次向模型中注入 LAB-十四酸溶液时，发生了卡断现象。此时，气体变为非连续相，流度大幅降低。由上述实验可以发现，对于本文所用孔喉模型，气液交替注入生成气泡的过程中，使用高表面扩张模量起泡体系时，可以生成气泡。而在低表面扩张模量起泡体系时，无法生成气泡。因此，采用气液交替注入的泡沫生成方式时，表面扩张模量对于泡沫的生成行为同样有重要影响。

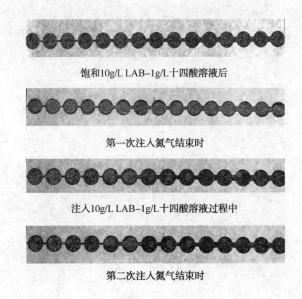

图 6-19 交替注入氮气和 10g/L LAB-1g/L 十四酸时生成气泡状态

6.3 扩张流变性对液膜分离的影响

卡断和液膜分离是多孔介质中产生泡沫最重要的两个机理。上一节的研究证明高表面扩张模量对卡断生成泡沫有促进作用。本节主要使用分叉模型研究表面扩张流变性质对液膜分离生成气泡这一机理的影响。

分别在均质分叉模型和非均质分叉模型中同时注入氮气和起泡剂溶液，观察气泡在经过分叉处时发生液膜分离的情况。图 6-20 是 10g/L LAB 蒸馏水溶液生成的气泡在均质分叉模型中经过分叉口时的状态。

由于分叉口两侧流动通道宽度相同，不同体系生成的气泡在经过分叉口时均生成大小相近的两个气泡。实验中，研究了不同体系生成相同大小的气泡经过分叉口时，记录了大气泡液膜分离成两个小气泡过程的时间。但受摄像机帧数限制，无法分辨该过程的差别。

对于非均质分叉模型，研究了使用 10g/L LAB、10g/L LAB+1g/L 十四酸和 1g/L LHSB-2g/LCL 的蒸馏水溶液作为起泡剂时，发生液膜分离的情况。图 6-21 是 10g/L LAB 作为起泡剂，以 0.2mL/min 流量注入该起泡剂溶液时，气泡经过分叉口时的状态。

从图 6-21 中可以看出，气泡经过分叉口、较窄的分支处时发生了形变，随宽分支气泡的流动，窄分支处气泡恢复了形变，整个过程中未发生液膜分离。保持气体流量不变，增大起泡剂溶液流量至 0.5mL/min，气泡经过分叉口时状态变化如图 6-22 所示。

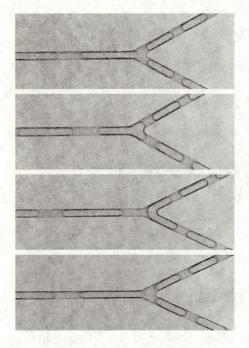

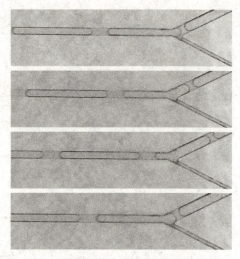

图 6-20　10g/L LAB 生成的泡沫经过分叉口时的状态

图 6-21　10g/L LAB 以 0.2mL/min 注入时气泡经过分叉口的状态

从图 6-22 可以看出，起泡剂溶液流量增至 0.5mL/min 时，仍未发生液膜分离。进一步增大起泡剂溶液流量至 1.0mL/min，气泡经过分叉口时状态变化如图 6-23 所示。

从图 6-23 可以看出，起泡剂溶液流量升至 1.0mL/min 时，气泡经过分叉口时形变增大，最终引发了液膜分离。

同样使用 1g/L LHSB-2g/L CL 蒸馏水溶液进行了上述实验。图 6-24 是以 0.2mL/min 的流量注入起泡剂溶液时，气泡经过分叉口时的状态。

对比图 6-24 与相同流速下 10g/L LAB 生成的气泡通过分叉口时的状态可以看出，虽然 LHSB-CL 体系在经过分叉口时发生的形变更大，但仍未发生液膜分离。保持气体流量不变,进一步增加起泡剂溶液流量至 0.3mL/min,结果如图 6-25 所示。

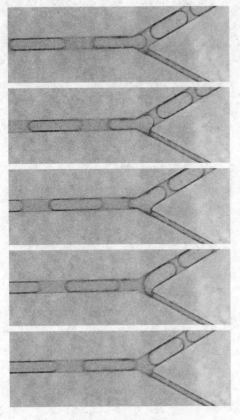

图 6-22 10g/L LAB 以 0.5mL/min 注入时气泡经过分叉口的状态

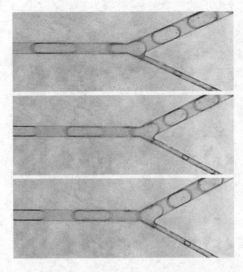

图 6-23 10g/L LAB 以 1.0mL/min 注入时气泡经过分叉口的状态

从图 6-25 可以看出,当起泡剂溶液的流量升高至 0.3mL/min 时,由于流量增加,使得气泡经过分叉口时的形变增大,进而引发液膜分离。与 10g/L LAB 溶液作为起泡剂相比,该体系生成的气泡具备在较低流量下即可发生液膜分离的能力。对于多孔介质中泡沫的生成而言,体系的这种能力有利于强泡沫的生成,从而形成更高的封堵压差。

针对表面扩张模量最高的 10g/L LAB+1g/L 十四酸体系,同样开展了上述研究。图 6-26 是以 0.2mL/min 的流量注入 10g/L LAB+1g/L 十四酸溶液时,生成气泡通过分叉口的状态。

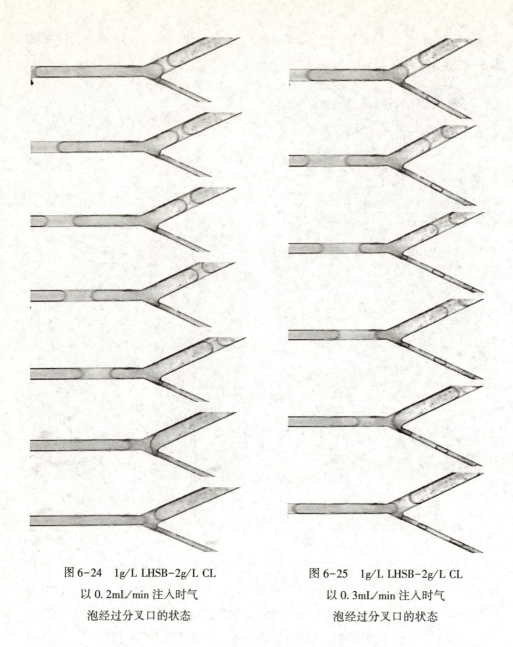

图 6-24　1g/L LHSB-2g/L CL 以 0.2mL/min 注入时气泡经过分叉口的状态

图 6-25　1g/L LHSB-2g/L CL 以 0.3mL/min 注入时气泡经过分叉口的状态

从图 6-26 可以看出,以 0.2mL/min 的流量注入 10g/L LAB+1g/L 十四酸时,气泡在分叉口处即会发生液膜分离。此外,生成的大气泡在流动过程中发生了卡断。在注入端同时注入氮气和起泡剂溶液时,生成的气泡和起泡剂溶液是均匀隔开的。由于起泡剂溶液流度高,易沿壁面窜进,并引发气泡的卡断。综合对比上述三个体系在分均质模型中的液膜分离现象可以看出,随着体系表面扩张模量的增加，在经过分叉口时，形变量大，更易于发生液膜分离。这是由于随着表面扩张模量的升高，气泡受到外力作用时更倾向于以更大周长的形态存在，当气泡完全进入两个分支后，高表面扩张模量体系生成的气泡需要更长的时间恢复形变，这为气泡发生液膜分离创造了条件。

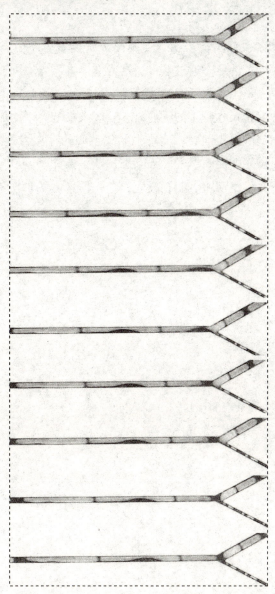

图6-26　10g/L LAB+1g/L 十四酸以0.2mL/min
注入时气泡经过分叉口的状态

综合以上单连通孔喉模型和分叉模型的实验结果可以发现,通过影响卡断和液膜分离这两种生泡机理,高表面扩张模量起泡体系易于生成泡沫。因此,高表面扩张模量起泡体系适于生泡困难的缝洞油藏。

6.4 本章小结

(1)单连通孔喉模型实验表明,高表面扩张模量体系生成的气泡通过孔喉时,气泡会以更大周长的形态通过喉道,这为液体进入喉道创造了条件,使得高表面扩张模量体系更易于发生气泡断裂。

(2)当孔隙中存在尺寸较小的气泡时,后续大气泡会以更加不对称的形态进入喉道,这有利于气泡发生断裂;而较大储集空间的存在为气泡并排进入喉道,通过相邻气泡与孔壁间的夹断引发气泡断裂创造了条件。

(3)非均质分叉模型实验表明,高表面扩张模量体系在较低的流量下即可发生液膜分离。

第7章 起泡体系耐油性能及提高采收率效果研究

通过之前的研究，构建了适于不同温度和矿化度条件下的高表面扩张模量体系，探明了表面扩张模量对泡沫流动规律的影响，并揭示了表面扩张模量对泡沫生成行为的影响机制。高表面扩张模量起泡体系具有在多孔介质中易于生成泡沫的特点，且生成的泡沫气体透过率低。上述两个特点适于缝洞型油藏。

泡沫在油田中一个很重要的应用是利用其良好的封堵性能提高采收率。而对于缝洞型油藏而言，注入泡沫的过程中，泡沫可以作为驱替介质使用。所以，泡沫的耐油性尤为重要。因此，本章通过吸附量优选了所用甜菜碱类型，然后考察了起泡体系的耐油性能和耐油机理。最后，通过缝洞板状模型驱替实验研究了起泡体系的提高采收率效果。

7.1 实验部分

7.1.1 实验仪器和药品

实验用到的主要仪器和药品见表7-1和表7-2。

表7-1 实验所用仪器

仪 器	型 号	生产厂家
综合驱替装置	BP100	海安石油科研仪器公司
显微镜	JN-301	江南显微镜厂
恒温箱	M146	Blue M
搅拌器	DSA100	Waring
循环水浴	DC1030	上海越平
高效液相色谱	LC-10A	日本岛津
Zeta 电位仪	90 Plus Pals	美国布鲁克海文

表 7-2 实验所用药品

名 称	代 号	纯 度	生产厂家
月桂酰胺丙基甜菜碱	LAB	35%	临沂绿森化工
十二烷基磺丙基甜菜碱	DSB	30%	临沂绿森化工
月桂酰胺羟磺基甜菜碱	LHSB	35%	临沂绿森化工
硅铝溶胶	CL	30%	Sigma
铝溶胶	Al_2O_3	30%	合肥翔正化学公司
氯化钠	NaCl	分析纯	上海国药集团
氯化钙	$CaCl_2$	分析纯	上海国药集团
氯化镁	$MgCl_2$	分析纯	上海国药集团
正庚烷	C7	分析纯	上海国药集团
十二烷	C12	分析纯	上海国药集团
十二酸	12-COOH	分析纯	上海国药集团
十四酸	14-COOH	分析纯	上海国药集团
十六酸	16-COOH	分析纯	上海国药集团
十八酸	18-COOH	分析纯	上海国药集团

此外，实验中还用到了柴油和塔河油田二厂原油。

7.1.2 实验方法

1. 静态吸附量的测定

使用高效液相色谱法测定了羧基甜菜碱 LAB 和磺基甜菜碱 DSB 在塔河岩屑上的静态吸附量。首先，将岩屑置于索氏抽提器中，并加入适量甲苯、三氯甲烷和甲醇混合而成的清洗剂。清洗 72 h 后，将岩屑取出并置于 40℃ 的恒温箱中。待岩屑烘干后，使用筛网筛选出粒径 80~100 目的岩屑颗粒用于吸附量测定实验。

将表面活性剂配成质量浓度为 0.1~3g/L 的水溶液。称取约 5 g 岩屑颗粒并量取约 15mL 活性剂溶液，置于 50mL 丝扣瓶中，将丝扣瓶放入振荡浴中振荡 24 h。然后在 3500 r/min 条件下离心 15 min，取上清液过滤。然后分别使用文献中[133,134]的方法测定 LAB 和 DSB 的浓度。

2. Zeta 电位的测定

将塔河岩屑研磨成细粉，然后将岩屑分散在水中，使用超声波分散 30min。

静置 2h 后，取上层悬浮液。使用布鲁克海文公司的 90 Plus Pals 电位仪测量岩屑的 Zeta 电位。

3. 泡沫耐油性能研究

配制一定浓度的起泡剂溶液，向 Waring 搅拌杯中加入 100mL 起泡剂溶液和一定体积的油箱，25℃条件下，以 3000r/min 的转速搅拌 1min。将生成的泡沫倒入 1000mL 的量筒中，记录泡沫体积随时间的变化。

4. 临界破裂压力的测定

临界破裂压力的测定装置示意图如图 7-1 所示。

实验过程中，在样品池中加入起泡剂溶液，将内径 5mm 的玻璃管插入活性剂溶液中，玻璃管上连接压力传感器。然后将注射器针头插入玻璃管内。通过注射器打出 0.5μL 的油滴，然后不断增大玻璃管内的压力，液面不断下降。记录油滴使假乳液膜破裂时的压力，该压力定义为临界破裂压力。

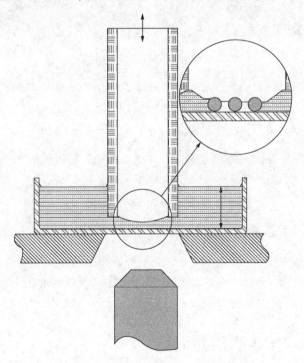

图 7-1 临界破裂压力测量装置示意图

5. 泡沫段塞提高采收率效果研究

按照现场缝洞单元的结构，使用碳酸盐岩石板雕刻了板状模型，如图 7-2 所示。为了确保制备的裂缝与现场裂缝有相近的尺度，在雕刻的裂缝中使用耐温胶结剂胶结了不同粒度的碳酸盐岩颗粒。使用的胶结剂为[85]：有机胶结剂占总质量的 8%~12%，无机胶结剂占总质量的 10%~20%，松香占总质量的 2%~5%，其余量为碳酸盐岩粉末，各组分的百分含量之和为 100%。有机胶结剂选择聚乙烯醇和 P_2O_5 的混合物。无机胶结剂为磷酸镁、铝酸镁和硅铝酸盐的混合物。使得制备的裂缝尺度分布在几百微米至几毫米的范围内，与矿场裂缝尺度相近。

图 7-2 雕刻后的石板

实验过程中步骤如下：①先饱和塔河水；②饱和塔河原油至出口端不产出水为止，通过产出水的体积计算原始含油饱和度；③在实验温度下老化 48h；④驱替过程中，先水驱至产出液中含水饱和度达 98%以上时停止注水；⑤使用渗透率约为 $10\mu m^2$ 的填砂管作为泡沫发生器，同时注入氮气和起泡剂溶液，待产出的泡沫均匀后，向缝洞模型中注入一定段塞大小的泡沫；⑥再次水驱至产出液中含水饱和度达 98%以上。实验过程中设置回压为 2MPa。

6. 连续注入泡沫提高采收率效果研究

制备填砂管的方法与 4.1.2 节中的方法相同。先饱和柴油，然后按照 2∶1 的气液比(气体流量 1mL/min)向填砂管中同时注入氮气和起泡剂溶液，记录填砂管两端的压差并计量产出液中油水的体积。

7.2 塔河水中吸附量对比

表面活性剂在岩石表面的吸附会导致表面活性剂有效浓度下降，进而影响体系的提高采收率效果。构建起泡体系时使用羧基甜菜碱与磺基甜菜碱，体系的表面扩张流变性质等差异不大。因此，对比了 25℃下羧基甜菜碱和磺基甜菜碱在塔河岩屑表面的吸附量，结果如图 7-3 所示。

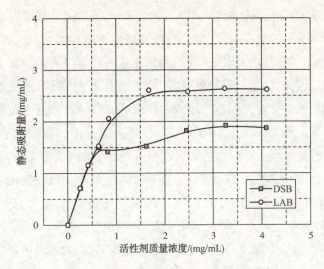

图 7-3 塔河水中不同甜菜碱吸附量对比

从图 7-3 中可以看出，塔河水中 LAB 在岩屑表面的吸附量明显高于 DSB。因此，从吸附量的角度出发，磺基甜菜碱更适于碳酸盐岩油藏。

塔河水中的阳离子主要是 Ca^{2+} 和 Na^+，阴离子主要为 Cl^-。其中 Ca^{2+} 是碳酸盐岩的定势离子。虽然 Na^+ 不是碳酸盐岩的定势离子，但是可以通过压缩扩散双电层影响碳酸盐岩表面的 Zeta 电位。为了探明不同离子对吸附量的影响，考察了 NaCl 和 $CaCl_2$ 的浓度对磺基甜菜碱 DSB 在塔河岩屑表面吸附量的影响。

测定了 25℃下不同浓度的 NaCl 溶液中，DSB 在碳酸盐岩颗粒表面的吸附量，实验中 NaCl 的最高浓度与塔河水中 NaCl 浓度相当，结果如图 7-4 所示。

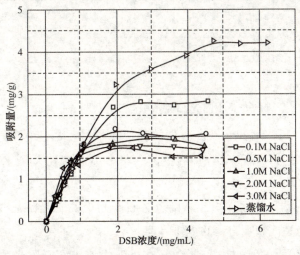

图 7-4 不同 NaCl 浓度下 DSB 在碳酸盐岩表面的吸附量

从图7-4中可以看出，随着NaCl浓度升高，DSB在碳酸盐岩表面的静态吸附量增大。上述结果与David等[134]人的结果相反。在其研究中，随盐含量升高，平衡吸附量下降。其研究中所用活性剂为椰油基羟磺基甜菜碱，与本文中使用的DSB结构类似。因此，表面活性剂结构上的差异不会导致吸附量规律的差异。虽然所用颗粒均为碳酸盐岩，但颗粒组成的差别可能会导致Zeta电位有所差异。而静电力是影响吸附量的最主要因素[135,136]。通常情况下，碳酸盐岩表现为正电性。但之前的研究发现对于碳酸盐岩，随着石英含量的增加，Zeta电位可以表现为电负性。而且颗粒中的少量杂质可能会导致Zeta电位的极大变化[137-139]。

随着NaCl浓度升高，DSB在塔河岩屑表面的吸附量先大幅下降，然后缓慢降低。NaCl的加入压缩了颗粒表面的扩散双电层，DSB和颗粒间的静电作用降低，使得吸附量下降。需要注意的是，吸附量的降低与NaCl浓度的升高并不成比例。为此测定了不同NaCl溶液中颗粒表面的Zeta电位，结果如图7-5所示。

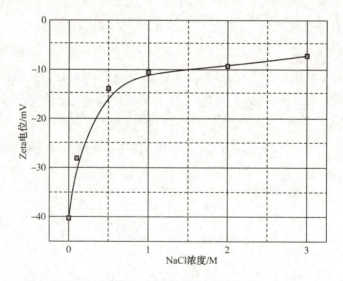

图7-5 不同NaCl溶液中塔河岩屑的Zeta电位

从图7-5中可以看出，Zeta电位的变化规律与吸附量的变化规律一致。当NaCl浓度为20%时，Zeta电位仍为负值。图7-6是吸附量随Zeta电位的变化曲线。

从图7-6的结果中可以看出，随着Zeta电位升高，吸附量线性降低。这一规律表明静电力是控制吸附量的主要因素。

其次，考察了$CaCl_2$的浓度对DSB在塔河岩屑表面吸附量的影响。实验中

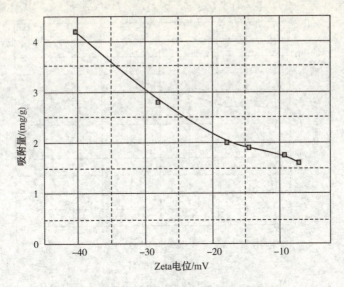

图 7-6　吸附量随 Zeta 电位变化曲线

$CaCl_2$ 的最高浓度与塔河水中的 Ca^{2+} 浓度大致相当，图 7-7 是不同 $CaCl_2$ 浓度下 DSB 在塔河岩屑表面的吸附量。

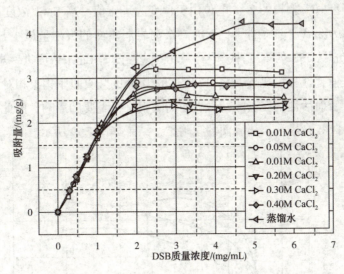

图 7-7　不同 $CaCl_2$ 浓度下 DSB 在碳酸盐岩表面的吸附量

从图 7-7 中可以看出，随着 $CaCl_2$ 浓度的升高，DSB 在塔河岩屑表面的吸附量下降。然而，与 0.2M 时的吸附量相比，当 $CaCl_2$ 浓度为 0.3M 时，吸附量上升。该实验结果可以用 Zeta 电位的变化规律来解释。图 7-8 是不同 $CaCl_2$ 浓度的溶液中，塔河岩屑的 Zeta 电位。

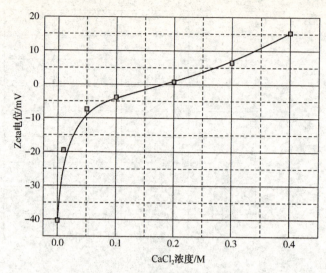

图 7-8　不同 CaCl$_2$ 溶液中塔河岩屑的 Zeta 电位

从图 7-8 的结果可以看出，随着 CaCl$_2$ 浓度升高，颗粒的 Zeta 逐渐升高。这与 NaCl 溶液中 Zeta 电位的变化规律一致。然而，不同的是，当 CaCl$_2$ 的浓度升高至一定程度时，颗粒的 Zeta 电位由负值变为了正值。当 CaCl$_2$ 浓度为 0.2M 时，Zeta 电位约为 0mV。该条件下，DSB 在塔河岩屑表面的吸附量最小，这与 Hu 等人[140]的研究中 DSB 的第二种吸附构象相对应。随着 CaCl$_2$ 浓度进一步升高，Zeta 电位变为正值，这种情况下，与 Hu 所述的 DSB 的竖直吸附构象相对应。

温度对表面活性剂在碳酸盐岩表面的吸附有很重要的影响。因此，测定了不同温度下，DSB 在塔河岩屑表面的吸附量，结果如图 7-9 所示。

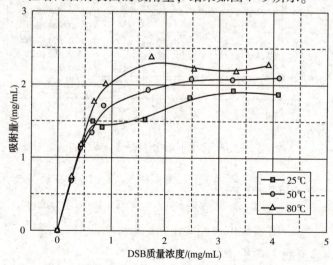

图 7-9　不同温度下 DSB 在塔河岩屑表面的吸附量

从图 7-9 的结果可以看出，随着温度升高，DSB 在塔河岩屑表面的吸附量增加。DSB 在岩屑表面的吸附是一个放热过程[141]，因此，理论上随着温度升高，DSB 在岩屑表面的吸附量应该下降。通过 Hu 的模拟结果可以看出，与不含有 Ca^{2+} 时的吸附方式不同，在含有 Ca^{2+} 的条件下，DSB 在固体表面的吸附时通过 Ca^{2+} 桥接实现的。因此，Ca^{2+} 在塔河岩屑表面的吸附量会影响到 DSB 的吸附量。而随着温度的升高，Ca^{2+} 在塔河岩屑表面的吸附量增加，使得 DSB 的吸附量升高。

7.3　有机酸对泡沫耐油性的影响

对于缝洞型油藏而言，注入的泡沫可以通过直接驱替原油达到提高采收率的效果。这就要求泡沫具有一定的耐油性能。因此，本节考察了起泡体系的耐油性能。通常情况下，稠油对泡沫的破坏作用较小，而稀油对泡沫稳定性的影响较大。因此，使用柴油作为油相，考察了泡沫的稳定性。加入 10mL 柴油时，不同起泡体系的泡沫体积变化曲线如图 7-10 所示。

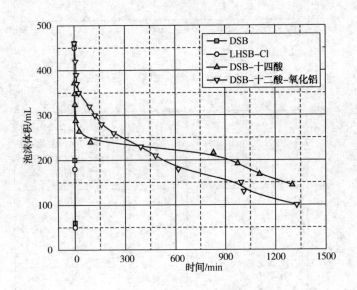

图 7-10　加入 10mL 柴油时泡沫体积变化曲线

从图 7-10 中可以看出，在加入 10mL 柴油的条件下，由于 10g/L 的 DSB 溶液和 1g/L LHSB-2g/L Cl 溶液生成的泡沫稳定性很差，短时间内泡沫体积即降至很小。而 DSB-十四酸和 DSB-十二酸-氧化铝体系的泡沫稳定性较好。对比以上四个体系的泡沫稳定性结果可以看出，加入了有机酸的体系泡沫稳定性要好于不加入有机酸的体系。因此，可能是有机酸的加入改善了体系的耐油性能。为此，针对 DSB-有机酸体系研究了有机酸的链长对泡沫稳定性的影响。实验中选取十二酸作为油相，图 7-11~图 7-14 是 10g/L DSB-1g/L 有机酸中加入不同体积十二烷时泡沫体积随时间变化的曲线。

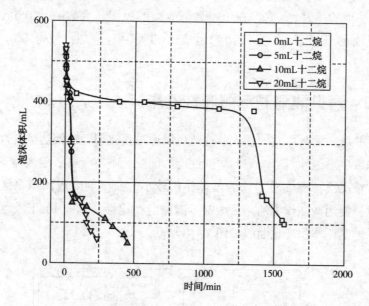

图 7-11　DSB-正辛酸泡沫体积变化曲线

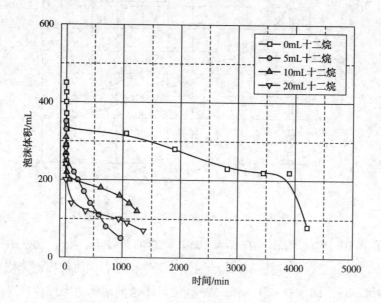

图 7-12　DSB-十二酸泡沫体积变化曲线

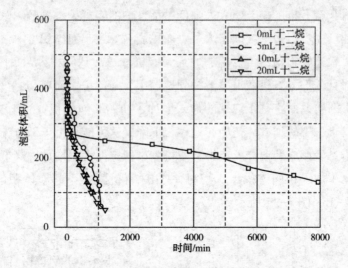

图 7-13　DSB-十四酸泡沫体积变化曲线

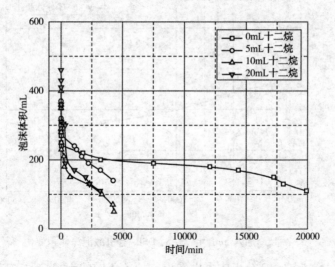

图 7-14　DSB-十八酸泡沫体积变化曲线

从图 7-11~图 7-14 中可以看出，对于以上四个体系而言，有机酸不同程度地加入起到了破坏泡沫稳定性的效果，而且随着有机酸加量的增加，泡沫稳定性变差。但是对于不同链长的有机酸体系而言，对十二烷的影响也有所不同。十二烷的影响主要体现在对初始起泡体积的影响上。当不加入十二烷时，随着有机酸碳链增长，初始起泡体积下降。对于 DSB-正辛酸而言，加入十二烷的量对初始起泡体积几乎没有影响。实验范围内，初始起泡体积在 530mL 左右；对于 DSB-十四酸或 DSB-十八酸而言，与不加入十二烷时的初始起泡体积相比，随着十二烷的加入，这两个体系的初始起泡体积增大了。从之前的动态表面张力结果可以看出，加入长链有机酸一方面大大降低了活性剂的表观扩散系数，从而使得表面张力下降速度变慢，另一方面增大了表面黏度，导致起泡体积变小。而有机酸在烷烃中的扩散速度很快，十二烷的加入为有机酸扩散到气-液界面上提供了有利的通道，而且，部分有机酸可以溶解到烷烃中，降低了表面剪切黏度。因此，对于长链有机酸体系而言，十二烷的加入增加了初始起泡体积；对于DSB-十二酸而言，随着十二烷的加入，初始起泡体积下降。这可能是由于部分十二烷增容在活性剂与十二酸形成的混合胶束中，使得胶束稳定性大大增加，降低了初始起泡体积。对比了加入相同体积十二烷时，DSB-有机酸体系起泡体积的变化规律，结果如图7-15~图7-17所示。

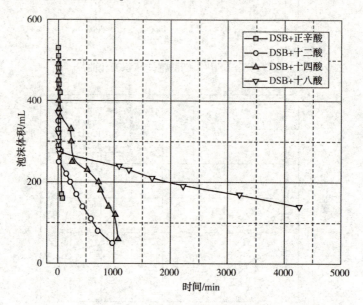

图7-15 加入5mL十二烷时DSB-有机酸泡沫体积变化

从图7-15~图7-17结果中可以看出，加入相同的十二烷时，随着有机酸链长增加，泡沫的稳定性增强。对于加入正辛酸的体系而言，十二烷对泡沫的破坏作用非常明显，根据进入系数和铺展系数理论，碳链长度更短的轻烃对泡沫要具有更强的破坏作用。因此，研究了加入正庚烷时，DSB-正辛酸泡沫体积的变化规律，结果如图7-18所示。

对比图7-18图和图7-11中DSB-正辛酸加入十二烷时泡沫体积的变化曲线可以看出，对于DSB-正辛酸而言，十二烷对其产生泡沫的破坏作用要明显强于正庚烷。由于正庚烷的表面张力小于十二烷，因此，其具有更大的进入系数。这与实验结果相反，因此，无法使用进入-铺展理论解释这一现象。对于加入油相的泡沫，其稳定性取决于"假乳液膜"的稳定与否。而气-液界面膜和油-水界面膜的性质决定了假乳液膜的稳定性。对于 DSB-正辛酸体系而言，与在正庚烷中的溶解性能相比，正辛酸在十二烷中有更大的溶解度。因此，加入十二烷时，大量的正辛酸溶解在油相中，而不是吸附在气-液界面或油-水界面上。而加入正庚烷时，由于正辛酸在正庚烷中的溶解度较小，正辛酸会吸附在气-液界面和油-水界面上，降低表面活性剂间的斥力，使活性剂分子排列更加紧密，而且气-液面和油-水界面的电性会更加接近[142]，使得假乳液膜的稳定性也更好。所以，当使用有机酸提高泡沫的耐油性时，需要选择在油相中溶解性能较差的有机酸。

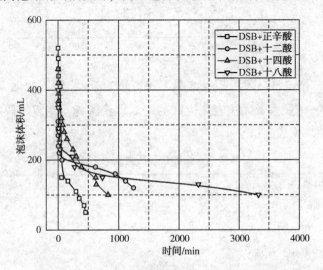

图 7-16　加入 10mL 十二烷时 DSB-有机酸泡沫体积变化

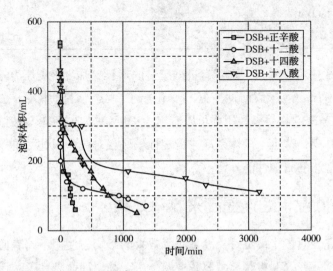

图 7-17　加入相同 20mL 十二烷时 DSB-有机酸泡沫体积变化

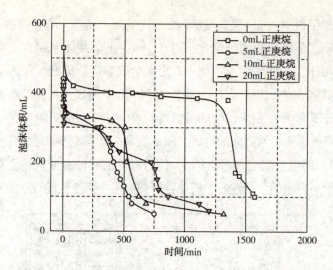

图 7-18　不同正庚烷加量下 DSB-正辛酸泡沫体积的变化

由于进入-铺展系数无法表征泡沫的耐油性,因此,测定了假乳液膜的临界破裂压力,结果见表 7-3。

表 7-3　临界破裂压力结果汇总

起泡剂	油　相	临界破裂压力/Pa
DSB	十二烷	<10
DSB-8COOH	十二烷	<10
DSB-12COOH	十二烷	16~35
DSB-14COOH	十二烷	100~120
DSB-18COOH	十二烷	150~200
DSB-8COOH	正庚烷	90~110

从表 7-3 中可以看出,随着有机酸碳链的增长,临界破裂压力升高。这与随有机酸链长增加、泡沫耐油性变好的变化趋于一致。对比加入十二烷和正庚烷时,DSB-正辛酸的临界破裂压力可以看出,正庚烷与 DSB-正辛酸体系的临界破裂压力明显升高,这也与该体系泡沫稳定性较好相对应。因此,可以通过临界破裂压力表征泡沫的耐油性能。

7.4　低温下泡沫提高采收率效果

为了研究表面扩张模量对提高采收率效果的影响,使用不同表面扩张模量体系作为起泡剂开展缝洞板状模型驱替实验。由于高温高盐条件下,可选择的高表面扩张模量体系较少。因此，先在25℃蒸馏水中开展了驱替实验。通常认为稠油对泡沫稳定性的破坏作用较小，选择使用轻烃含量较高的柴油作为油相，以考察泡沫在苛刻条件下提高采收率的效果。图7-19是注入0.3PV的10g/L DSB泡沫的填砂管驱替结果。

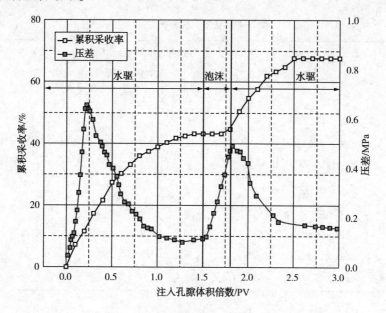

图7-19　10g/L DSB 泡沫驱替结果

从图7-19中可以看出，水驱后约40%的柴油被驱出。注入泡沫的过程中，泡沫将先进入水驱通道，此时填砂管两端的压差迅速升高。但此时产出液中绝大部分是水，只有少量柴油被驱出。后续水驱过程中，由于泡沫良好的封堵效果，提高了注入水的波及系数，从而大幅提高了采收率。使用相同的方法，研究了使用10g/L DSB-1g/L 14COOH、1g/L LHSB-2g/L CL 和 10g/L DSB-1g/L 十二酸-10g/L Al_2O_3作为起泡剂时的提高采收率效果。此外，还考察了注入泡沫段塞的大小对提高采收率效果的影响，结果见表7-4。

从表7-4中可以看出，注入泡沫段塞大小为0.3PV时，注入泡沫过程中的封堵压差峰值大小依次为：10g/L DSB-1g/L 十四酸>1g/L LHSB-2g/L CL≈10g/L LHSB-1g/L 十二酸-10g/L Al_2O_3>10g/L DSB。这一顺序与上一章中测得的不含油的填砂管中泡沫的流动压差顺序一致。而随着压差的增大，泡沫驱和后续水驱提高采收率的效果变好。而当注入泡沫段塞大小为0.5PV时，各个体系的压差和提高采收率效果有所不同。对于10g/L DSB 和 1g/L LHSB-2g/L CL，注入泡沫段塞的大小从0.3PV增加至0.5PV时，压差的增幅较小。而对于10g/L DSB-

1g/L 十四酸和 10g/L LHSB-1g/L 十二酸-10g/L Al$_2$O$_3$，压差增幅明显。当注入泡沫段塞从 0.3PV 增加至 0.5PV 时，注入的泡沫除了进入水流通道之外，部分泡沫会驱替残余油。这种情况下，耐油性较差的泡沫将会破裂，导致压差增加不明显。

表 7-4 泡沫驱实验结果汇总

序号	起泡剂配方	段塞大小/PV	注泡沫压差峰值/MPa	采收率/%			
				水驱	泡沫驱	后续水驱	总计
1	10g/LDSB	0.3	0.471	43.2	1.44	23.04	67.68
2	10g/LDSB	0.5	0.543	41.8	10.58	18.97	71.35
3	10g/LDSB-1g/L 14COOH	0.3	0.692	42.6	2.16	29.57	74.33
4	10g/LDSB-1g/L 14COOH	0.5	1.04	40.7	15.37	24.7	80.77
5	1g/L LHSB-2g/L CL	0.3	0.534	41.3	1.86	24.88	68.04
6	1g/L LHSB-2g/L CL	0.5	0.677	39.6	11.31	21.85	72.76
7	10g/LDSB-1g/L 12COOH-10g/L Al$_2$O$_3$	0.3	0.519	42.2	3.62	23.11	68.93
8	10g/LDSB-1g/L 12COOH-10g/L Al$_2$O$_3$	0.5	0.873	40.5	12.53	22.81	75.84

此外，开展了水驱后连续注入泡沫的驱替实验。结果发现，虽然注入泡沫过程的压差有所差异，但最终采收率均接近100%。这可能是由于虽然不同泡沫的耐油性能有所差别，但由于实验时间较短，而且缝洞模型中，油相与泡沫的作用面积较小，使得无法充分体现油相对泡沫的破坏作用。

为了进一步验证柴油对泡沫稳定性的影响，在填砂管中，开展了连续注入泡沫的驱油实验。实验中，饱和柴油老化后不进行水驱，且不使用泡沫发生器，直接同时注入氮气和起泡剂溶液，记录产出液中柴油的量及填砂管两端的压差。图 6-15 是上述四个体系连续气液同注时的驱替结果。

从图 7-20 中可以看出，累积采收率和驱替压差可以分为两类：LHSB-CL 和 DSB 的采收率约为 65%，气体在填砂管产出端突破后，压差不断下降，至没有柴油产出时，仍然没有稳定的泡沫生成；而 DSB-12COOH-AL$_2$O$_3$ 和 DSB-14COOH 的采收率分别为 88% 和 96%，且产出端有稳定的泡沫产出。对比以上四个体系可以看出，采收率较高的两个体系都含有有机酸。因此，可能是有机酸的加入提高了泡沫的耐油性能，使得在高含油饱和度下仍然可以生成泡沫，并提高采收率。

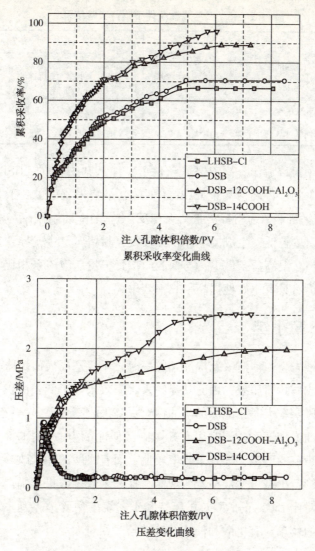

图 7-20 填砂管驱替实验结果

7.5 高温高盐条件下泡沫提高采收率效果

之前的实验均是在 25℃ 蒸馏水中进行的，为了研究高温高盐条件下高表面扩张模量体系的提高采收率效果，在 120℃ 塔河模拟地层水中开展了驱替实验，实验中使用的油相为塔河油田二厂原油。由于高温条件下泡沫更加不稳定，因此，选择泡沫稳定性更好的 DSB-十四酸体系与高表面扩张模量体系 DSB-十二酸-Al_2O_3 对比，结果见表 7-5。

表 7-5　高温高盐条件下驱替实验结果

序号	起泡剂配方	段塞大小/PV	注泡沫压差峰值/MPa	采收率/%			
				水驱	泡沫驱	后续水驱	总计
1	10g/L DSB+0.667g/L 14COOH	0.3	0.776	37.6	4.36	22.19	64.15
2	10g/L DSB-1g/L 12COOH-10g/L Al_2O_3	0.3	0.945	36.8	5.02	27.45	69.27

从表7-5中可以看出，高温高盐条件下，注入0.3PV的LHSB-十二酸-Al_2O_3生成的泡沫时的压差峰值高于LAB-十四酸，最终采收率也高于LAB-十四酸。这与25℃时，蒸馏水中的驱替实验结果相反。这是由于高温下，LAB-十四酸体系的表面扩张模量较低，生成的泡沫粒径较大，封堵压差小，导致提高采收率效果较差。因此，高温高盐条件下，与低表面扩张模量起泡体系相比，高表面扩张模量起泡体系仍然具有更好地提高采收率效果。

7.6　本章小结

（1）注入预先生成泡沫段塞提高采收率时，小段塞高表面扩张模量体系生成的泡沫可以形成高封堵压差，因此其提高采收率效果好于低表面扩张模量体系生成的泡沫；当段塞较大时，泡沫的耐油性对提高采收率效果影响较大。

（2）高含油饱和度时，同时注入氮气和起泡剂溶液时，耐油性能差的起泡剂溶液无法生成稳定的泡沫，导致采收率较低；而有机酸的加入改善了泡沫的耐油性能，在填砂管产出端可生成稳定的泡沫，提高采收率效果大幅提升。

（3）通过对比LAB-正辛酸对正庚烷和十二烷的耐受力差别发现，有机酸提高泡沫耐油性的效果与有机酸和油相的碳链长度相对大小有关。

第 8 章 结 论

（1）以降低气体透过率为出发点，研究了使用表面活性剂和有机酸/醇构建高表面扩张模量体系的可行性。表面扩张模量实验结果表明：当有机酸碳链长度较长且浓度足够高时，表面活性剂-有机酸体系的表面扩张模量较高。无机盐的加入降低了表面活性剂的扩散系数，压缩了体系可以获得高表面扩张模量时，有机酸的碳链长度范围。温度升高，由于气-液界面上致密相"熔化"，表面扩张模量急剧下降。为构建高温条件下仍具有高表面扩张模量的起泡体系提供了思路。

（2）针对有机酸高温"熔化"而无法获得高表面扩张模量的问题，探索了使用纳米颗粒构建耐温耐盐高表面扩张模量体系的可行性。提出了使用表面活性剂-携带剂-纳米颗粒构建高表面扩张模量起泡体系的方法，通过加入十二酸为纳米氧化铝颗粒提供一定疏水性，而另外加入十二烷基羟磺基甜菜碱作为起泡剂，建立了高温高盐条件下仍具有高表面扩张模量的起泡体系。

（3）与低表面扩张模量起泡体系相比，高表面扩张模量起泡体系生成的气泡粒径更小，气泡在平滑裂缝中的流动阻力仅与表面张力和气泡粒径有关，表面扩张模量没有贡献。而对于泡沫在多孔介质中的流动阻力，除表面张力和气泡粒径外，表面扩张黏性模量对压差也有贡献。

（4）通过单连通孔喉模型实验揭示了表面扩张模量影响卡断生成泡沫的作用机制。高表面扩张模量体系生成的气泡流经喉道时，在高表面扩张模量的作用下，气泡会以更大周长的形态通过喉道，这为液体进入喉道创造了条件，从而有利于卡断发生。

（5）表面扩张模量对液膜分离生成泡沫有重要影响。分叉模型的可视化实验表明：高表面扩张模量体系生成的泡沫通过分叉处时，在较低的流量下即可发生液膜分离。

(6) 注入预先生成的泡沫段塞提高采收率时，小段塞高表面扩张模量体系生成的泡沫可以形成高封堵压差，因此其提高采收率效果好于低表面扩张模量体系生成的泡沫；当段塞较大时，泡沫的耐油性对提高采收率效果影响较大；有机酸的加入可提高泡沫的耐油性能，其提高泡沫耐油性的效果与有机酸和油相的碳链长度相对大小有关。

附　　录

图片转化为三色图程序：

```
function varargout = input(varargin)
% INPUT MATLAB code for input.fig
%    INPUT, by itself, creates a new INPUT or raises the existing
%    singleton*.
%
%    H = INPUT returns the handle to a new INPUT or the handle to
%    the existing singleton*.
%
%    INPUT('CALLBACK', hObject, eventData, handles, ...) calls the local
%    function named CALLBACK in INPUT.M with the given input arguments.
%
%    INPUT('Property', 'Value', ...) creates a new INPUT or raises the
%     existing singleton*.  Starting from the left, property value pairs are
%    applied to the GUI before input_OpeningFcn gets called.  An
%    unrecognized property name or invalid value makes property application
%    stop.  All inputs are passed to input_OpeningFcn via varargin.
%
%    *See GUI Options on GUIDE's Tools menu.  Choose "GUI allows
```

```
%       only one
%       instance to run(singleton)".
%
%       See also: GUIDE, GUIDATA, GUIHANDLES

%       Edit the above text to modify the response to help input

%       Last Modified by GUIDE v2.5 04-Jan-2017 09:50:44

% Begin initialization code-DO NOT EDIT
gui_Singleton = 1;
gui_State = struct('gui_Name',       mfilename, ...
                   'gui_Singleton',  gui_Singleton, ...
                   'gui_OpeningFcn', @input_OpeningFcn, ...
                   'gui_OutputFcn',  @input_OutputFcn, ...
                   'gui_LayoutFcn',  [], ...
                   'gui_Callback',   []);
if nargin && ischar(varargin{1})
    gui_State.gui_Callback = str2func(varargin{1});
end

if nargout
    [varargout{1:nargout}] = gui_mainfcn(gui_State, varargin{:});
else
    gui_mainfcn(gui_State, varargin{:});
end
% End initialization code-DO NOT EDIT
% ---Executes just before input is made visible.
function input_OpeningFcn(hObject, eventdata, handles, varargin)
% This function has no output args, see OutputFcn.
```

```
% hObject    handle to figure
% eventdata  reserved-to be defined in a future version of MAT-
LAB
% handles    structure with handles and user data(see GUIDATA)
% varargin   command line arguments to input(see VARARGIN)
% Choose default command line output for input
handles.output = hObject;
% Update handles structure
guidata(hObject, handles);

% UIWAIT makes input wait for user response(see UIRESUME)
% uiwait(handles.figure1);
% ---Outputs from this function are returned to the command line.
function varargout = input_OutputFcn(hObject, eventdata, handles)
% varargout   cell array for returning output args(see VARARGOUT);
% hObject     handle to figure
% eventdata   reserved-to be defined in a future version of MAT-
LAB
% handles     structure with handles and user data(see GUIDATA)
% Get default command line output from handles structure
varargout{1} = handles.output;
% ---Executes on button press in pushbutton1.
function pushbutton1_Callback(hObject, eventdata, handles)
% hObject     handle to pushbutton1(see GCBO)
% eventdata   reserved-to be defined in a future version of MAT-
LAB
% handles     structure with handles and user data(see GUIDATA)
[FileName, PathName] = uigetfile('*.jpg', 打开图片);
route = strcat(PathName, FileName);
```

```
% msg = strcat('图片路径：', PathName, FileName);
% % helpdlg(msg, 'Tips-提示');
% set(handles.text1, 'string', msg);
img = imread(route);
imgGray = rgb2gray(img);
[row, collum] = size(imgGray);
black = 0;
white = 0;
gray = 0;
for i=1: row;
    for j=1: collum;
        if imgGray(i, j)>=250;
            white = white + 1;
            imgGray(i, j)= 255;
        elseif imgGray(i, j)<=10;
            black = black + 1;
            imgGray(i, j)= 0;
        else
            gray = gray + 1;
            imgGray(i, j)= 125;
        end
    end
end
set(handles.uitable1, 'data', imgGray);


black = num2str(black);
white = num2str(white);
gray = num2str(gray);
msg = strcat('黑色：', black, ' 白色', white, '灰色', gray);
set(handles.text1, 'string', msg);
figure, imshow(imgGray);
```

```
% ---Executes on button press in pushbutton2.
function pushbutton2_ Callback(hObject, eventdata, handles)
% hObject    handle to pushbutton2(see GCBO)
% eventdata  reserved-to be defined in a future version of MATLAB
% handles    structure with handles and user data(see GUIDATA)
[filename filepath]=uiputfile('*.xlsx','请选择要保存到的文件…');
str=[filepath filename];
outPut = get(handles.uitable1,'data');
[status, message] = xlswrite(str, outPut);
if status == 1;
    msg = strcat('excel 数据保存成功! 路径：', str);
    helpdlg(msg,'Tips-提示');
    set(handles.text2,'string', msg);
else
    helpdlg(message.message,'Tips-提示');
    set(handles.text2,'string', message.message);
end


function edit1_ Callback(hObject, eventdata, handles)
% hObject    handle to edit1(see GCBO)
% eventdata  reserved-to be defined in a future version of MATLAB
% handles    structure with handles and user data(see GUIDATA)

% Hints: get(hObject,'String') returns contents of edit1 as text
%        str2double(get(hObject,'String'))returns contents of edit1 as a double


% ---Executes during object creation, after setting all proper-
```

ties.
```
function edit1_CreateFcn(hObject, eventdata, handles)
% hObject    handle to edit1(see GCBO)
% eventdata  reserved-to be defined in a future version of MATLAB
% handles    empty-handles not created until after all CreateFcns called
% Hint: edit controls usually have a white background on Windows.
%     See ISPC and COMPUTER.
if ispc && isequal(get(hObject, 'BackgroundColor'), get(0, 'defaultUicontrolBackgroundColor'))
    set(hObject, 'BackgroundColor', 'white');
end
```

周长、面积计算程序：
```
function varargout = huidu(varargin)
% HUIDU MATLAB code for huidu.fig
%   HUIDU, by itself, creates a new HUIDU or raises the existing
%   singleton*.
%
%   H = HUIDU returns the handle to a new HUIDU or the handle to
%   the existing singleton*.
%
%   HUIDU('CALLBACK', hObject, eventData, handles, ...) calls the local
%   function named CALLBACK in HUIDU.M with the given input arguments.
%
%   HUIDU('Property', 'Value', ...) creates a new HUIDU or raises the
%   existing singleton*.Starting from the left, property value
```

```
%      pairs are
%      applied to the GUI before huidu_ OpeningFcn gets called.An
%      unrecognized property name or invalid value makes
%      property application
%      stop.All inputs are passed to huidu_ OpeningFcn via varar-
%      gin.
%
%      *See GUI Options on GUIDE's Tools menu.Choose "GUI allows
%      only one
%      instance to run(singleton)".
%
% See also: GUIDE, GUIDATA, GUIHANDLES
% Edit the above text to modify the response to help huidu
% Last Modified by GUIDE v2.5 15-Nov-2016 20: 44: 34
% Begin initialization code-DO NOT EDIT
gui_ Singleton = 1;
gui_ State = struct('gui_ Name',        mfilename, ...
                    'gui_ Singleton',   gui_ Singleton, ...
                    'gui_ OpeningFcn',  @ huidu_ OpeningFcn, ...
                    'gui_ OutputFcn',   @ huidu_ OutputFcn, ...
                    'gui_ LayoutFcn',   [], ...
                    'gui_ Callback',    []);
if nargin && ischar(varargin{1})
    gui_ State.gui_ Callback = str2func(varargin{1});
end

if nargout
    [varargout{1: nargout}] = gui_ mainfcn(gui_ State, varargin{:});
else
    gui_ mainfcn(gui_ State, varargin{:});
end
```

% End initialization code-DO NOT EDIT
% ---Executes just before huidu is made visible.
function huidu_OpeningFcn(hObject, eventdata, handles, varargin)
% This function has no output args, see OutputFcn.
% hObject   handle to figure
% eventdata reserved-to be defined in a future version of MATLAB
% handles   structure with handles and user data(see GUIDATA)
% varargin   command line arguments to huidu(see VARARGIN)
% Choose default command line output for huidu
handles.output = hObject;
% Update handles structure
guidata(hObject, handles);
% UIWAIT makes huidu wait for user response(see UIRESUME)
% uiwait(handles.figure1);
% ---Outputs from this function are returned to the command line.
function varargout = huidu_OutputFcn(hObject, eventdata, handles)
% varargout cell array for returning output args(see VARARGOUT);
% hObject   handle to figure
% eventdata reserved-to be defined in a future version of MATLAB
% handles   structure with handles and user data(see GUIDATA)
% Get default command line output from handles structure
varargout{1} = handles.output;
clear global

% ---Executes on button press in pushbutton1.
function pushbutton1_Callback(hObject, eventdata, handles)

```
% hObject    handle to pushbutton1(see GCBO)
% eventdata  reserved-to be defined in a future version of MAT-
LAB
% handles    structure with handles and user data(see GUIDATA)
% global NewName
[FileName, PathName] = uigetfile('*.jpg','打开图片');
% data=load(FileName);
% NewName = regexp(FileName, '\ \.', 'split');
route = strcat(PathName, FileName);
msg = strcat('图片路径:', PathName, FileName);
% helpdlg(msg, 'Tips-提示');
set(handles.text1, 'string', msg);
img = imread(route);
imgGray = rgb2gray(img);
set(handles.uitable1, 'data', imgGray);
[row, collum] = size(imgGray);
black = 0;
white = 0;
for i=1: row;
    for j=1: collum;
        if imgGray(i, j)>=150; &&imgGray(i, j)<250
            white = white + 1;
            imgGray(i, j)= 255;
        elseif imgGray(i, j)<150
            black = black + 1;
            imgGray(i, j)= 0;
        end
    end
end
ratio = num2str(black*100/(white+black));
% white = num2str(white);
% black = num2str(black);
```

```
result = strcat('深色百分比：', ratio, '%');
set(handles.text2, 'string', result);
result2 = '';
set(handles.text3, 'string', result2);
% figure, imshow(img);
figure, imshow(imgGray);

% ---Executes on button press in pushbutton2.
function pushbutton2_ Callback(hObject, eventdata, handles)% 计算标准圆
% hObject    handle to pushbutton2(see GCBO)
% eventdata  reserved-to be defined in a future version of MAT-LAB
% handles    structure with handles and user data(see GUIDATA)
global LSimulate SSimulate
[FileName, PathName] = uigetfile('*.jpg', '打开图片');
route = strcat(PathName, FileName);
% msg = strcat('图片路径：', PathName, FileName);
% set(handles.text1, 'string', msg);
img = imread(route);
imgGray = rgb2gray(img);
% set(handles.uitable1, 'data', imgGray);
[row, collum] = size(imgGray);
black = 0;
white = 0;
for i=1: row;
    for j=1: collum;
        if imgGray(i, j)>=200;% 淡蓝色的用150区分，红色的用100区分
            white = white + 1;
            imgGray(i, j)= 0;
        else
            black = black + 1;
```

```
                imgGray(i, j)= 255;
            end
        end
end
% set(handles.uitable1, 'data', imgGray);
figure, imshow(imgGray);

% rowFirst = 0;
% rowLast = 0;
% for i=1: row;
%     for j=1: collum;
%         if imgGray(i, j)= = 0;
%             if rowFirst = = 0;
%                 rowFirst = i;
%             end
%         elseif imgGray(i, j)<100
%             black = black + 1;
%             imgGray(i, j)= 0;
%         end
%     end
% end

for i=1: row;
    sum(i)= 0;
    for j=1: collum;
        sum(i)= sum(i)+ imgGray(i, j);
    end
    if i>1;
        if sum(i)= = 0;
            if sum(i-1)~= 0;
                rowLast = i;
            end
```

```
            else
                if sum(i-1)==0;
                    rowFirst=i;
                end
            end
        end
end

DTrue = 9;% 真实的直径/mm
STrue = 3.14*DTrue*DTrue/4;% 真实的面积
LSimulate = DTrue/(rowLast-rowFirst);
SSimulate = STrue/black;

LSimulate1 = num2str(LSimulate);
SSimulate1 = num2str(SSimulate);
msg = strcat('一像素格代表长度:', LSimulate1, 'mm         面积',
SSimulate1, 'mm2');
set(handles.text1, 'string', msg);
set(handles.pushbutton4, 'enable', 'on');

% ---Executes on button press in pushbutton3.
function pushbutton3_ Callback(hObject, eventdata, handles)
% hObject    handle to pushbutton3(see GCBO)
% eventdata  reserved-to be defined in a future version of MAT-
LAB
% handles    structure with handles and user data(see GUIDATA)
[filename filepath]=uiputfile('*.xlsx', '请选择要保存到的文件…');
str=[filepath filename];
outPut = get(handles.uitable1, 'data');
[status, message] = xlswrite(str, outPut);
if status == 1;
    msg = strcat('execl 数据保存成功! 路径:', str);
```

```matlab
    helpdlg(msg, 'Tips-提示');
    set(handles.text4, 'string', msg);
else
    helpdlg(message.message, 'Tips-提示');
    set(handles.text4, 'string', message.message);
end

% ---Executes on button press in pushbutton4.
function pushbutton4_Callback(hObject, eventdata, handles)%
周长比面积
% hObject    handle to pushbutton4(see GCBO)
% eventdata  reserved-to be defined in a future version of MAT-
LAB
% handles    structure with handles and user data(see GUIDATA)
% global LSimulate SSimulate
[FileName, PathName] = uigetfile('*.jpg', '打开图片');
route = strcat(PathName, FileName);
% msg = strcat('图片路径：', PathName, FileName);
% % helpdlg(msg, 'Tips-提示');
% set(handles.text1, 'string', msg);
img = imread(route);
imgGray = rgb2gray(img);

[row, collum] = size(imgGray);

DTrue = 9;% 真实的直径/mm
% STrue = 3.14*DTrue*DTrue/4;% 真实的面积
LSimulate = DTrue/row;
SSimulate = LSimulate*LSimulate;
% SSimulate = STrue/black;

% black = 0;
```

```
white = 0;
for i=1: row;
    for j=1: collum;
        if imgGray(i, j)>=200;
            white = white + 1;
            imgGray(i, j)= 240;
%       elseif imgGray(i, j)<130
%           black = black + 1;
%           imgGray(i, j)= 0;
%       else
%           imgGray(i, j)= 255;
        else
            imgGray(i, j)= 0;
        end
    end
end
set(handles.uitable1, 'data', imgGray);
round = 0;
for i=1: row;
    for j=1: collum;
        if imgGray(i, j)= = 240;
            if imgGray(i-1, j)= =0 || imgGray(i+1, j)= =0 || imgGray(i, j-1)= =0 || imgGray(i, j+1)= =0;
                round = round + 1;
            end
        end
    end
end
ratio = num2str(round * LSimulate/white/SSimulate);
round = num2str(round * LSimulate);
STrue = num2str(white * SSimulate);
```

```
LSimulate1 = num2str(LSimulate);
SSimulate1 = num2str(SSimulate);
msg = strcat('一像素格代表长度：', LSimulate1, 'mm 面积', SSimulate1, 'mm2');
set(handles.text1, 'string', msg);
result1 = strcat('实际周长：', round, 'mm   实际面积：', STrue, 'mm2');
set(handles.text2, 'string', result1);
result2 = strcat('周长比面积：', ratio);
set(handles.text3, 'string', result2);
% figure, imshow(img);
figure, imshow(imgGray).
```

参 考 文 献

[1] 张希明,杨坚,杨秋来,等. 塔河缝洞型碳酸盐岩油藏描述及储量评估技术[J]. 石油学报,2004,25(1):13~18.

[2] 鲁新便. 岩溶缝洞型碳酸盐岩储集层的非均质性[J]. 新疆石油地质,2003,24(4):360~362.

[3] 林忠民. 塔河油田奥陶系碳酸盐岩储层特征及成藏条件[J]. 石油学报,2002,23(3):23~26.

[4] 周继东,朱伟民,卢拥军,等. 二氧化碳泡沫压裂液研究与应用[J]. 油田化学,2004,21(4):316~319.

[5] 许卫,李勇明,郭建春,等. 氮气泡沫压裂液体系的研究与应用[J]. 西南石油学院学报,2002,24(3):64~67.

[6] 王振铎,王晓泉,卢拥军. 二氧化碳泡沫压裂技术在低渗透低压气藏中的应用[J]. 石油学报,2004,25(3):66~70.

[7] 王桂全,孙玉学,李建新,等. 微泡沫钻井液的稳定性研究与应用[J]. 石油钻探技术,2010,38(6):75~78.

[8] 王洪军,焦震,郑秀华,等. 大庆油田微泡沫钻井液的研究与应用[J]. 石油钻采工艺,2007,29(5):88~92.

[9] 李松岩,李兆敏,孙茂盛,等. 水平井泡沫流体冲砂洗井技术研究[J]. 天然气工业,2007.

[10] 蒋泽银,唐永帆,石晓松,等. 中21井泡沫排水技术研究及效果评价[J]. 天然气工业,2006,26(7):97~99.

[11] 任韶然,于洪敏,左景栾,等. 中原油田空气泡沫调驱提高采收率技术[J]. 石油学报,2009,30(3):413~416.

[12] 张艳辉,戴彩丽,徐星光,等. 河南油田氮气泡沫调驱技术研究与应用[J]. 断块油气田,2013(1):129~132.

[13] 元福卿,赵方剑,夏唏冉,等. 胜坨油田二区沙二段3砂组高温高盐油藏低张力氮气泡沫驱单井试验[J]. 油气地质与采收率,2014,21(1):70~73.

[14] 杨昌华,邓瑞健,牛保伦,等. 濮城油田沙一下油藏 CO_2 泡沫封窜体系研究与应用[J]. 断块油气田,2014,21(1):118~120.

[15] A Seethepalli, B Adibhatla, K K Monhanty. Wettability alteration during surfactant flooding of carbonate reservoirs [C]. SPE 89423, 2004.

[16] Standnes D C, Austad T. Wettability alteration in chalk:2. Mechanism for wettability alteration

from oil-wet to water-wet using surfactants[J]. Journal of Petroleum Science and Engineering, 2000, 28(3): 123~143.

[17] Standnes D C, Austad T. Wettability alteration in chalk: 1. Preparation of core material and oil properties[J]. Journal of Petroleum Science and Engineering, 2000, 28(3): 111~121.

[18] Standnes D C, Austad T. Wettability alteration in carbonates: Interaction between cationic surfactant and carboxylates as a key factor in wettability alteration from oil-wet to water-wet conditions[J]. Colloids and Surfaces A: Physicochemical and Engineering Aspects, 2003, 216(1): 243~259.

[19] Strand S, Standnes D C, Austad T. Spontaneous imbibition of aqueous surfactant solutions into neutral to oil-wet carbonate cores: Effects of brine salinity and composition[J]. Energy & fuels, 2003, 17(5): 1133~1144.

[20] Standnes D C, Nogaret L A D, Chen H L, et al. An evaluation of spontaneous imbibition of water into oil-wet carbonate reservoir cores using a nonionic and a cationic surfactant[J]. Energy & Fuels, 2002, 16(6): 1557~1564.

[21] Austad T, Standnes D C. Spontaneous imbibition of water into oil-wet carbonates[J]. Journal of Petroleum Science and Engineering, 2003, 39(3): 363~376.

[22] Høgnesen E J, Standnes D C, Austad T. Scaling spontaneous imbibition of aqueous surfactant solution into preferential oil-wet carbonates[J]. Energy & Fuels, 2004, 18(6): 1665~1675.

[23] Austad T, Milter I. Spontaneous imbibition of water into low permeability chalk at different wettabilities using surfactants [C]. SPE 37236, 1997.

[24] Y Wu, P Shuler, M Blanco, et al. A study of branched alcohol propoxylated surfactants for improved oil recovery[C]. SPE 95404, 2005.

[25] D. B. Levitt, A. C. Jackson, C. Heinson. Identification and evaluation of high-performance EOR surfactants[C]. SPE 100089, 2006.

[26] Kishore K. Mohanty. Dilute surfactant methods for carbonate formations[C]. DE-FC26-02NT 15322, 2005.

[27] A.M. Michel, R.S. Djojosoeparto, Henk Haas, et al. Enhanced waterflooding design with dilute surfactant concentrations for north sea conditions[C]. SPE 35372, 1996.

[28] J. M. Maerker, W. W. Gale. Surfactant flood process design for Loudon[C]. SPE 20218, 1992.

[29] 王业飞, 焦翠, 赵福麟. 羧甲基化的非离子型表面活性剂与石油磺酸盐的复配试验[J]. 石油大学学报, 1996, 20(4): 52~55.

[30] 李宜坤, 赵福麟, 王业飞. 以丙酮作溶剂合成烷基酚聚氧乙烯醚羧酸盐[J]. 石油学报（石油加工）, 2003, 19(2): 33~38.

[31] 靳志强, 王涵慧, 俞稼镛. Guerbet 十四醇聚氧乙烯醚硫酸钠的合成与表面活性[J]. 精细化工, 2002, 19(8): 435~439.

[32] Maura Puerto, George J. Hirasaki, Clarence A. Miller. Surfactant Systems for EOR in High-Temperature, High-Salinity Environments [C]. SPE129675, 2010.

[33] Sevigny W. J., Kuehne D. L., Cantor J. Enhanced oil recovery method employing a high temperature brine tolerant foam-forming composition: U. S. Patent 5, 358, 045 [P]. 1994-10-25.

[34] 姚同玉, 李继山. CTAB 与原油酸性物质的作用及润湿性反转[J]. 中南大学学报(自然科学版), 2009, 40(1): 83~87.

[35] 李干佐, 牟建海, 陈锋. 天然混合羧酸盐在三次采油和稠油降粘中的应用[J]. 石油炼制与化工, 2002, 33(9): 25~28.

[36] 徐军, 孙文起, 李干佐, 等. DSB 显著提高羧酸盐驱油体系抗钙镁离子能力的研究[J]. 高等学校化学学报, 2007, 28(3): 496~501.

[37] D. M. Wang, C. D. Liu, W. X. Wu, et al. Development of an ultra-low interfacial tension surfactant in a system with no-alkali for chemical flooding [C]. SPE 109017, 2008.

[38] A. R. Kovscek and C. J. Radke, Foams: Fundamentals and Applications in the Petroleum Industry[J]. ACS Advances in Chemistry Series, 1994, 242: 115~163.

[39] K. G. Kornev, A. V. Neimark and A. N. Rozhkov. Foam in porous media: thermodynamic and hydrodynamic peculiarities [J]. Advances in Colloid and Interface Science, 1999, 82(1): 127~187.

[40] Fu T, Ma Y, Funfschilling D, et al. Dynamics of bubble breakup in a microfluidic T-junction divergence[J]. Chemical Engineering Science, 2011, 66(18): 4184~4195.

[41] Olbricht W L, Leal L G. The creeping motion of immiscible drops through a converging/diverging tube[J]. Journal of Fluid Mechanics, 1983, 134: 329~355.

[42] Rossen W R. A critical review of Roof snap-off as a mechanism of steady-state foam generation in homogeneous porous media[J]. Colloids and Surfaces A: Physicochemical and Engineering Aspects, 2003, 225(1): 1~24.

[43] Roof J G. Snap-off of oil droplets in water-wet pores[J]. Society of Petroleum Engineers Journal, 1970, 10(1): 85~90.

[44] Lenormand R, Zarcone C, Sarr A. Mechanisms of the displacement of one fluid by another in a network of capillary ducts[J]. Journal of Fluid Mechanics, 1983, 135: 337~353.

[45] K. T. Chambers, C. J. Radke, in: N. R. Morrow. Interfacial Phenomena in Oil Recovery, Marcel Dekker, New York, 1990.

[46] K. K. Mohanty, Fluids in Porous Media: Two-Phase Distribution and Flow, Ph. D. dissertation, University of Minnesota, 1981.

[47] Toledo P G, Scriven L E, Davis H T. Pore-space statistics and capillary pressure curves from volume-controlled porosimetry[J]. SPE Formation Evaluation, 1994, 9(1): 46~54.

[48] Falls A H, Hirasaki G J, Patzek T W, et al. Development of a mechanistic foam simulator: the population balance and generation by snap-off[J]. SPE reservoir engineering, 1988, 3(3): 884~892.

[49] K. T. Chambers, C. J. Radke, in: N. R. Morrow. Interfacial Phenomena in Oil Recovery, Marcel Dekker, New York, 1990.

[50] Ransohoff T. C., Radke C. J. Mechanisms of foam generation in glass-bead packs[J]. SPE Reservoir Engineering, 1988, 3(2): 573~585.

[51] Rossen W. R. Theory of mobilization pressure gradient of flowing foams in porous media: I. Incompressible foam[J]. Journal of Colloid and Interface Science, 1990, 136(1): 1~16.

[52] Huh D G, Cochrane T D, Kovarik F. S. The Effect of Microscopic Heterogeneity on CO_2-Foam Mobility: Part 1--Mechanistic Study[J]. Journal of Petroleum Technology, 1989, 41(8): 872~879.

[53] Yortsos Y C, Chang J. Capillary effects in steady-state flow in heterogeneous cores[J]. Transport in Porous Media, 1990, 5(4): 399~420.

[54] Duijn C J V, Molenaar J, Neef M J D. The effect of capillary forces on immiscible two-phase flow in heterogeneous porous media[J]. Transport in Porous Media, 1995, 21(1): 71~93.

[55] J X Shi. Simulation and Experimental Studies of Foam for Enhanced Oil Recovery, Ph. D. dissertation, University of Texas, 1996.

[56] Rossen W R. Foam generation at layer boundaries in porous media[J]. SPE Journal, 1999, 4(4): 409~412.

[57] Dicksen T, Hirasaki G J, Miller C A. Mobility of Foam in Heterogeneous Media: Flow Parallel and Perpendicular to Stratification[J]. SPE Journal, 2002, 7(2): 203~212.

[58] Ransohoff T C, Gauglitz P A, Radke C J. Snap-off of gas bubbles in smoothly constricted noncircular capillaries[J]. AIChE Journal, 1987, 33(5): 753~765.

[59] Ransohoff T C, Radke C J. Laminar flow of a wetting liquid along the corners of a predominantly gas-occupied noncircular pore[J]. Journal of Colloid and Interface Science, 1988, 121(2): 392~401.

[60] Gauglitz P A, St Laurent C M, Radke C J. Experimental determination of gas-bubble breakup in a constricted cylindrical capillary[J]. Industrial & Engineering Chemistry Research, 1988, 27(7): 658~663.

[61] Gauglitz P A, Radke C J. The dynamics of liquid film breakup in constricted cylindrical capillaries[J]. Journal of Colloid and Interface Science, 1990, 134(1): 14~40.

[62] Rossen W R. Snap-off in constricted tubes and porous media[J]. Colloids and Surfaces A: Physicochemical and Engineering Aspects, 2000, 166(1): 101~107.

[63] Kovscek A R, Radke C J. Gas bubble snap-off under pressure-driven flow in constricted noncir-

cular capillaries[J]. Colloids and Surfaces A: Physicochemical and Engineering Aspects, 1996, 117(1): 55~76.

[64] Kovscek A R, Radke C J. Pressure-driven capillary snap-off of gas bubbles at low wetting-liquid content[J]. Colloids and Surfaces A: Physicochemical and Engineering Aspects, 2003, 212(2): 99~108.

[65] Rossen W R, Gauglitz P A. Percolation theory of creation and mobilization of foams in porous media[J]. AIChE Journal, 1990, 36(8): 1176~1188.

[66] Kam S I, Rossen W R. A model for foam generation in homogeneous media[J]. SPE Journal, 2003, 8(4): 417~425.

[67] Dicksen T, Hirasaki G J, Miller C A. Conditions for foam generation in homogeneous porous media[C]. SPE75176, 2002.

[68] Kovscek A R, Radke C J. Foams: fundamentals and applications in the petroleum industry [J]. ACS Advances in Chemistry Series, 1994, 242: 89~92.

[69] Ettinger R A, Radke C J. Influence of texture on steady foam flow in Berea sandstone[J]. SPE reservoir engineering, 1992, 7(1): 83~90.

[70] Ettinger R A. Foam Flow Resistance in Berea Sandstone [M]. University of California, Berkeley, 1989.

[71] Rosen M J, Kunjappu J T. Surfactants and interfacial phenomena [M]. John Wiley & Sons, 2012.

[72] Clunie J S, Goodman J F, Ingram B T. Thin liquid films[J]. Surface and Colloid Science, 1971, 3: 167.

[73] Malysa K, Lunkenheimer K, Miller R, et al. Surface elasticity and frothability of n-octanol and n-octanoic acid solutions[J]. Colloids and Surfaces, 1981, 3(4): 329~338.

[74] Huang D D, Nikolov A, Wasan D T. Foams: basic properties with application to porous media [J]. Langmuir, 1986, 2(5): 672~677.

[75] Lucassen-Reynders, Emmie H. Anionic surfactants: Physical chemistry of surfactant action [M]. Dekker, 1981.

[76] Bergeron V. Disjoining pressures and film stability of alkyltrimethylammonium bromide foam films [J]. Langmuir, 1997, 13(13): 3474~3482.

[77] Vrij A, Overbeek J T G. Rupture of thin liquid films due to spontaneous fluctuations in thickness [J]. Journal of the American Chemical Society, 1968, 90(12): 3074~3078.

[78] De Vries A J. Foam stability: Part IV. Kinetics and activation energy of film rupture[J]. Recueil des travaux chimiques des Pays-Bas, 1958, 77(4): 383~399.

[79] 郭平, 袁恒璐, 李新华, 等. 碳酸盐岩缝洞型油藏气驱机制微观可视化模型试验[J]. 中国石油大学学报: 自然科学版, 2012, 36(1): 89~93.

[80] 惠健,刘学利,汪洋,等.塔河油田缝洞型油藏注气替油机理研究[J].钻采工艺,2013,36(2):55~57.

[81] 李巍,侯吉瑞,丁观世,等.碳酸盐岩缝洞型油藏剩余油类型及影响因素[J].断块油气田,2013,20(4):458~461.

[82] 王建海,焦保雷,曾文广,等.塔河缝洞型油藏水驱后期开发方式研究[J].特种油气藏,2015,22(5):125~128.

[83] 赵磊,潘毅,刘学利,等.缝洞型储层全直径岩心注气吞吐替油实验研究[J].油气藏评价与开发,2015,5(1):39~43.

[84] 王敬,刘慧卿,徐杰,等.缝洞型油藏剩余油形成机制及分布规律[J].石油勘探与开发,2012,39(5):585~590.

[85] 王洋,葛际江,张贵才,等.一种制备缝洞型碳酸盐岩岩心的方法[P].ZL201410019361.0,2016.

[86] 侯吉瑞,汪勇,宋兆杰,等.缝洞型碳酸盐岩油藏物理模型、驱替模拟实验装置及系统[P].CN201520843443.7,2016.

[87] 刘中春,侯吉瑞,李海波,等.缝洞型碳酸盐岩油藏三维立体宏观仿真物理模拟实验装置[P].CN201420031032.3,2014

[88] Haugen A, Ferno M. A, Graue A. Experimental study of foam flow in fractured oil-wet limestone for enhanced oil recovery[C]. SPE129763, 2010.

[89] Buchgraber Markus, Castanier L. M, Kovscek A. R. Microvisual investigation of foam flow in ideal fractures: role of fracture aperture and surface roughness[C]. SPE159430, 2012.

[90] Gibbs J W. The collected works of J. Willard Gibbs. [M]. Yale University Press, New Haven, 1957.

[91] Martinez A C, Rio E, Delon G, et al. On the origin of the remarkable stability of aqueous foams stabilised by nanoparticles: link with microscopic surface properties[J]. Soft Matter, 2008, 4(7): 1531~1535.

[92] Blijdenstein T B J, De Groot P W N, Stoyanov S D. On the link between foam coarsening and surface rheology: why hydrophobins are so different[J]. Soft Matter, 2010, 6(8): 1799~1808.

[93] Maestro A, Rio E, Drenckhan W, et al. Foams stabilised by mixtures of nanoparticles and oppositely charged surfactants: relationship between bubble shrinkage and foam coarsening [J]. Soft matter, 2014, 10(36): 6975~6983.

[94] Golemanov K, Denkov N D, Tcholakova S, et al. Surfactant mixtures for control of bubble surface mobility in foam studies[J]. Langmuir, 2008, 24(18): 9956~9961.

[95] Marze S, Langevin D, Saint-Jalmes A. Aqueous foam slip and shear regimes determined by rheometry and multiple light scattering[J]. Journal of Rheology, 2008, 52(5): 1091~1111.

[96] Langevin D. Influence of interfacial rheology on foam and emulsion properties [J]. Advances in Colloid and Interface Science, 2000, 88(1): 209~222.

[97] Mason T G, Bibette J, Weitz D A. Elasticity of compressed emulsions[J]. Physical Review Letters, 1995, 75(10): 2051.

[98] Kralchevsky P A, Danov K D, Pishmanova C I, et al. Effect of the precipitation of neutral-soap, acid-soap, and alkanoic acid crystallites on the bulk pH and surface tension of soap solutions[J]. Langmuir, 2007, 23(7): 3538~3553.

[99] Stubenrauch C, Miller R. Stability of foam films and surface rheology: an oscillating bubble study at low frequencies [J]. The Journal of Physical Chemistry B, 2004, 108 (20): 6412~6421.

[100] Monroy F, Kahn J G, Langevin D. Dilational viscoelasticity of surfactant monolayers [J] 0Colloids and Surfaces A: Physicochemical and Engineering Aspects, 1998, 143 (2): 251~260.

[101] Langevin D. Influence of interfacial rheology on foam and emulsion properties [J]. Advances in Colloid and Interface Science, 2000, 88(1): 209~222.

[102] Fruhner H, Wantke K D, Lunkenheimer K. Relationship between surface dilational properties and foam stability[J]. Colloids and Surfaces A: Physicochemical and Engineering Aspects, 2000, 162(1): 193~202.

[103] Stubenrauch I C. On foam stability and disjoining pressure isotherms[J]. Tenside, Surfactants, Detergents, 2001, 38(6): 350~355.

[104] Golemanov K, Denkov N D, Tcholakova S, et al. Surfactant mixtures for control of bubble surface mobility in foam studies[J]. Langmuir, 2008, 24(18): 9956~9961.

[105] Alargova R G, Warhadpande D S, Paunov V N, et al. Foam superstabilization by polymer microrods[J]. Langmuir, 2004, 20(24): 10371~10374.

[106] Gonzenbach U T, Studart A R, Tervoort E, et al. Ultrastable Particle - Stabilized Foams [J]. Angewandte Chemie International Edition, 2006, 45(21): 3526~3530.

[107] Fujii S, Ryan A J, Armes S P. Long-range structural order, moiré patterns, and iridescence in latex-stabilized foams[J]. Journal of the American Chemical Society, 2006, 128(24): 7882~7886.

[108] Vijayaraghavan K, Nikolov A, Wasan D. Foam formation and mitigation in a three-phase gas-liquid-particulate system [J]. Advances in Colloid and Interface Science, 2006, 123: 49~61.

[109] Binks B P, Murakami R. Phase inversion of particle-stabilized materials from foams to dry water[J]. Nature Materials, 2006, 5(11): 865~869.

[110] Binks B P. Particles as surfactants—similarities and differences[J]. Current Opinion in Colloid

& Interface Science, 2002, 7(1): 21~41.

[111] Du Z, Bilbao-Montoya M P, Binks B P, et al. Outstanding stability of particle-stabilized bubbles[J]. Langmuir, 2003, 19(8): 3106~3108.

[112] Dickinson E, Ettelaie R, Kostakis T, et al. Factors controlling the formation and stability of air bubbles stabilized by partially hydrophobic silica nanoparticles[J]. Langmuir, 2004, 20(20): 8517~8525.

[113] Horozov T S, Binks B P. Particle - Stabilized Emulsions: A Bilayer or a Bridging Monolayer [J]. Angewandte Chemie International Edition, 2006, 45(5): 773~776.

[114] Holmberg, Krister, Dinesh Ochhavlal Shah, and Milan J Schwuger. Handbook of applied surface and colloid chemistry[M]. Wiley, New York, 2002.

[115] Shibata J, Fuerstenau D W. Flocculation and flotation characteristics of fine hematite with sodium oleate[J]. International Journal of Mineral Processing, 2003, 72(1): 25~32.

[116] Healy T W, Somasundaran P, Fuerstenau D W. The adsorption of alkyl and alkylbenzene sulfonates at mineral oxide-water interfaces [J]. International Journal of Mineral Processing, 2003, 72(1): 3~10.

[117] Fuerstenau D W, Colic M. Self-association and reverse hemimicelle formation at solid-water interfaces in dilute surfactant solutions [J]. Colloids and Surfaces A: Physicochemical and Engineering Aspects, 1999, 146(1): 33~47.

[118] Lu S, Song S. Hydrophobic interaction in flocculation and flotation 1. Hydrophobic flocculation of fine mineral particles in aqueous solution [J]. Colloids and surfaces, 1991, 57(1): 49~60.

[119] Ip S W, Wang S W, Toguri J M. Aluminum foam stabilization by solid particles [J]. Canadian Metallurgical Quarterly, 1999, 38(1): 81~92.

[120] Kam S I, Rossen W R. Anomalous capillary pressure, stress, and stability of solids-coated bubbles [J]. Journal of Colloid and Interface Science, 1999, 213(2): 329~339.

[121] Shrestha L K, Acharya D P, Sharma S C, et al. Aqueous foam stabilized by dispersed surfactant solid and lamellar liquid crystalline phase[J]. Journal of Colloid and Interface Science, 2006, 301(1): 274~281.

[122] Binks B P, Horozov T S. Aqueous foams stabilized solely by silica nanoparticles [J]. Angewandte Chemie International Edition, 2005, 117, 3788~3791.

[123] Hu X, Li Y, Sun H, et al. Effect of divalent cationic ions on the adsorption behavior of zwitterionic surfactant at silica/solution interface[J]. The Journal of Physical Chemistry B, 2010, 114(27): 8910~8916.

[124] Haugen Å, Fernø M A, Graue A, et al. Experimental study of foam flow in fractured oil-wet limestone for enhanced oil recovery[J]. SPE Reservoir Evaluation & Engineering, 2012, 15

(2): 218~228.

[125] Buchgraber M, Castanier L M, Kovscek A R. Microvisual investigation of foam flow in ideal fractures: role of fracture aperture and surface roughness[C]. SPE 159430, 2012.

[126] Kovscek A R, Tretheway D C, Persoff P, et al. Foam flow through a transparent rough-walled rock fracture[J]. Journal of Petroleum Science and Engineering, 1995, 13(2): 75~86.

[127] Hirasaki G J, Lawson J B. Mechanisms of foam flow in porous media: apparent viscosity in smooth capillaries[J]. SPE Journal, 1985, 25(2): 176~190.

[128] Kovscek A R, Radke C J. Gas bubble snap-off under pressure-driven flow in constricted non-circular capillaries[J]. Colloids and Surfaces A: Physicochemical and Engineering Aspects, 1996, 117(1): 55~76.

[129] Gauglitz P A, St Laurent C M, Radke C J. Experimental determination of gas-bubble breakup in a constricted cylindrical capillary[J]. Industrial & Engineering Chemistry Research, 1988, 27(7): 658~663.

[130] Yu L, Wardlaw N C. The influence of wettability and critical pore-throat size ratio on snap-off [J]. Journal of Colloid and Interface Science, 1986, 109(2): 461~472.

[131] Huh D G, Cochrane T D, Kovarik F S. The Effect of Microscopic Heterogeneity on CO_2 Foam Mobility: Part 1Mechanistic Study[J]. Journal of Petroleum Technology, 1989, 41(8): 872~879.

[132] Liontas R, Ma K, Hirasaki G J, et al. Neighbor-induced bubble pinch-off: novel mechanisms of in situ foam generation in microfluidic channels [J]. Soft Matter, 2013, 9 (46): 10971~10984.

[133] 张雯, 葛际江, 张贵才, 等. 月桂酰胺丙基氧化胺的吸附性能研究[J]. 日用化学工业, 2016, 46(4): 200~203.

[134] Wang Y, Ge J, Zhang G, et al. Adsorption behavior of dodecyl hydroxypropyl sulfobetaine on limestone in high salinity water[J]. RSC Advances, 2015, 5(73): 59738~59744.

[135] Nieto-Alvarez D A, Zamudio-Rivera L S, Luna-Rojero E E, et al. Adsorption of Zwitterionic Surfactant on Limestone Measured with High-Performance Liquid Chromatography: Micelle-Vesicle Influence [J]. Langmuir, 2014, 30(41): 12243~12249.

[136] Zhang R, Somasundaran P. Advances in adsorption of surfactants and their mixtures at solid/solution interfaces [J]. Advances in Colloid and Interface Science, 2006, 123: 213~229.

[137] Chen L, Zhang G, Wang L, et al. Zeta potential of limestone in a large range of salinity [J]. Colloids and Surfaces A: Physicochemical and Engineering Aspects, 2014, 450(1): 1~8.

[138] Vdović N, Bišćan J. Electrokinetics of natural and synthetic calcite suspensions [J]. Colloids

and Surfaces A: Physicochemical and Engineering Aspects, 1998, 137(1): 7~14.

[139] Thompson D W, Pownall P G. Surface electrical properties of calcite [J]. Journal of colloid and interface science, 1989, 131(1): 74~82.

[140] Hu X, Li Y, Sun H, et al. Effect of divalent cationic ions on the adsorption behavior of zwitterionic surfactant at silica/solution interface [J]. The Journal of Physical Chemistry B, 2010, 114(27): 8910~8916.

[141] Nieto-Alvarez D A, Zamudio-Rivera L S, Luna-Rojero E E, et al. Adsorption of Zwitterionic Surfactant on Limestone Measured with High-Performance Liquid Chromatography: Micelle-Vesicle Influence [J]. Langmuir, 2014, 30(41): 12243~12249.

[142] Zhang H, Miller C A, Garrett P R, et al. Lauryl alcohol and amine oxide as foam stabilizers in the presence of hardness and oily soil [J]. Journal of surfactants and detergents, 2005, 8(1): 99~107.